Zur Nichtigkeit
von Hypothekenkreditverträgen

Europäische Hochschulschriften
Publications Universitaires Européennes
European University Studies

Reihe II
Rechtswissenschaft

Série II Series II
Droit
Law

Bd./Vol. 2994

PETER LANG
Frankfurt am Main · Berlin · Bern · Bruxelles · New York · Oxford · Wien

Wilhelm Busse

Zur Nichtigkeit von Hypothekenkreditverträgen

Am Beispiel der Darlehensverträge des ehemaligen Braunschweigischen ritterschaftlichen Kreditinstituts/-vereins, Wolfenbüttel von 1962-1987

PETER LANG
Europäischer Verlag der Wissenschaften

Die Deutsche Bibliothek - CIP-Einheitsaufnahme

Busse, Wilhelm:

Zur Nichtigkeit von Hypothekenkreditverträgen : am Beispiel der Darlehensverträge des ehemaligen Braunschweigischen ritterschaftlichen Kreditinstituts/-vereins, Wolfenbüttel von 1962-1987 / Wilhelm Busse. - Frankfurt am Main ; Berlin ; Bern ; Bruxelles ; New York ; Oxford ; Wien : Lang, 2000
(Europäische Hochschulschriften : Reihe 2, Rechtswissenschaft ; Bd. 2994)
ISBN 3-631-37166-7

ISSN 0531-7312
ISBN 3-631-37166-7

Vorwort

Die vorliegende Monographie entstand nach vierjähriger Vorarbeit in den Jahren 1992 - 2000.

Mein besonderer Dank gilt zunächst Herrn Rechtsanwalt und Notar Jürgen Einfeldt, Hohenwestedt/Schleswig-Holstein, der mir die Ausarbeitung der vorliegenden Forschungsarbeit auch im Rahmen meiner Tätigkeit als wissenschaftlicher Mitarbeiter für seine Anwaltskanzlei ermöglichte.

Ebenfalls möchte ich mich bei Herrn Prof. Dr. Karl-Joachim Schmelz, Fachhochschule Bad Dieburg bedanken, den ich vor zwei Jahren im Rahmen eines von mir anvisierten Stipendiums der Deutschen Forschungsgemeinschaft, Bonn um die Begutachtung des Werkes bat sowie bei Herrn Prof. Dr. Wolfhard Kohte von der Juristischen Fakultät der Martin-Luther-Universität Halle-Wittenberg für die von ihm erhaltenen Anregungen zu der Abhandlung.

Schließlich sei auch den an der Abfassung des Manuskripts beteiligten Sekretärinnen Frau Ursula Voß, Frau Kornelia Schütze, Frau Angela Schab und Frau Britta Benda gedankt.

Wittingen, 15.07.2000 Wilhelm Busse

Inhaltsverzeichnis

Literaturverzeichnis

Abel, Wilhelm: Agrarkrisen und Agrarkonjunktur - Eine Geschichte der Land- und Ernährungswirtschaft Mitteleuropas seit dem hohen Mittelalter, 3. Aufl., Hamburg 1978.

agrar praxis: Veröffentlichungen in der Zeitschrift agrar praxis, ehemals Essen, (*zit.*: agrar praxis).

Agrarbericht: Agrar- und ernährungspolitischer Bericht der Bundesregierung, Bonn 1991 (*zit.:* Agrarbericht 1991).

Alt, Wilfried: Rechtliche Probleme der Briefkastenwerbung, WRP 1985, 319.

Assmann, Heinz-Dieter, Schütze, Rolf A.: Handbuch des Kapitalanlagerechts, München 1990 (*zit.:* Bearbeiter, in: Assmann/Schütze).

Bark, Thomas: Vertragsfreiheit und Staat im Kapitalismus - Ökonomische und politische Grundlagen der Wucher- und Zinsgesetzgebung in Preußen-Deutschland 1850-1900. Ein Beitrag zur historisch-ökonomischen Analyse privatrechtlicher Institutionen, Diss., Frankfurt 1977 (*zit.:* Bark).

Bauernblatt Schleswig-Holstein: Veröffentlichungen im Bauernblatt Schleswig-Holstein, Mitteilungsblatt der Landwirtschaftskammer Schleswig-Holstein, Kiel (*zit.:* Bauernblatt Schleswig-Holstein).

Baumbach/Hefermehl: Wettbewerbsrecht, 20. neubearb. Aufl., München 1998 (*zit.:* Baumbach/Hefermehl).

Bayerisches Landwirtschaftliches Wochenblatt: Veröffentlichungen im Bayerischen Landwirtschaftlichen Wochenblatt, Mitteilungsblatt der Landwirtschaftskammer Bayern, München (*zit.:* Bayerisches Landwirtschaftliches Wochenblatt).

Börsenzeitung: Veröffentlichungen in der Börsenzeitung, Mitteilungsblatt des Deutschen Börsenhandels, Frankfurt (*zit.:* Börsenzeitung).

Bramstedter Nachrichten: Veröffentlichungen in den Bramstedter Nachrichten, Bad Bramstedt (*zit.:* Bramstedter Nachrichten).

Braunschweiger Zeitung: Veröffentlichungen in der Braunschweiger Zeitung, Braunschweig (*zit.:* Braunschweiger Zeitung).

Büttner, Hermann: Der Anspruch auf Herausgabe von Kapitalnutzungen, BB 1970, 233.

Bydlinski, Peter: Gemeinsames Ehegattenkonto und Kreditmithaftung, ZBB 1991, 263.

–: Kurzkommentar zu BGH EWiR 1996, 833, in: EWiR 1996, 833.

Canaris, Claus-Wilhelm: Der Zinsbegriff und seine rechtliche Bedeutung, NJW 1978, 1891.
„Der Spiegel": Veröffentlichungen im Nachrichtenmagazin: „Der Spiegel", Hamburg (*zit.:* „Der Spiegel").
Deutsche Anwaltsakademie: Begleitende Arbeitsunterlagen zu der Veranstaltung der Deutschen Anwaltsakademie im Deutschen Anwaltsverein e.V., Bonn, über „Insolvenzen in der Landwirtschaft" vom 03.-07. Oktober 1988 in der ländlichen Heimvolkshochschule Goslar (*zit.:* Deutsche Anwaltsakademie).
Deutscher Anwaltsverein: Ohne Titel, AnwBl. 1965, 75 (*zit.:* DAV).
Eggert, Robert: Der landwirtschaftliche Vollstreckungschutz, Diss. Münster 1952.
Entholt-Laudien, Dagmar: Kurzkommentar zu BGH EWiR 1998, 511, in: EWiR 1998, 511.
Erman: Handkommentar zum Bürgerlichen Gesetzbuch, 1. Band, 9., neubearb. Aufl., Münster 1993 (*zit.:* Erman-Bearbeiter).
Falckenstein, Roland von: Die Bekämpfung unlauterer Geschäftspraktiken durch Verbraucherverbände, Köln 1977 (*zit.:* von Falckenstein).
Feld & Wald: Veröffentlichungen in der Zeitschrift Feld & Wald, ehemals Essen (*zit.:* Feld & Wald).
Fischer/Machunsky: Haustürwiderrufsgesetz, Kommentar, 2. Aufl., Neuwied, Kriftel, Berlin 1995.
Focus: Veröffentlichungen im Nachrichtenmagazin Focus, München.
Friauf: Kommentar zur Gewerbeordnung - GewO, Gewerberechtlicher Teil, Stand: August 1996, Neuwied 1998 (*zit.:* Friauf-Bearbeiter).
Funck, Gerhard: Nochmals: Die Werbung für die Vermittlung von Krediten - Weitere Gerichtsentscheidungen zur Werbung der Kreditvermittler - WRP 1981, 366.
Gamm, Otto-Friedrich von: Wettbewerbs- und Wettbewerbverfahrensrecht, Band 1: Wettbewerbsrecht, 5. Aufl., Köln, Berlin, Bonn, München 1987 (*zit.:* von Gamm).
Gaul, Rudolf E.: Zum Begriff der vorhergehenden Bestellung im Haustürwiderrufsgesetz, NJW 1987, 2852.
Geiecke, Eberhard: Die Entstehung und Entwicklung der ritterschaftlichen Kreditinstitute in Niedersachsen - Eine rechtsgeschichtliche Studie über den Ursprung und die Entwicklung der rechtlichen Struktur der vier im Raume Niedersachsen beheimateten Ritterschaftlichen Kreditinstitute, Diss. Bonn 1978 (*zit.:* Geiecke, Ritterschaftliche Kreditinstitute).
Geschäftsbericht BRH: Geschäftsbericht der Braunschweigischen ritterschaftlichen Hypothekenbank AG, Wolfenbüttel 1989 (*zit.:* Geschäftsbericht BRH 1989).

Geschäftsbericht DG HYP: Geschäftsbericht der Deutschen Genossenschafts-Hypothekenbank AG, Hamburg - Berlin, 1993 (*zit.:* Geschäftsbericht DG HYP 1993).
Gilles, Peter: Das Gesetz über den Widerruf von Haustürgeschäften und ähnlichen Geschäften - Anmerkungen zum jüngsten Verbraucherschutzsondergesetz im Zivilrecht unter Berücksichtigung seines rechtspolitischen Gesamtkontextes, NJW 1986, 1131.
–: Kurzkommentar zu OLG Stuttgart EWiR 1986, 925, in: EWiR 1986, 925.
–: Das Recht des Direktmarketing, Heidelberg 1981 (*zit.:* Gilles, Direktmarketing).
Gloy, Wolfgang: Handbuch des Wettbewerbsrechts, 2. Aufl., München 1997 (*zit.:* Bearbeiter, in: Gloy, Handbuch).
Goller, Fritz: Das neue Gesetz über den Widerruf von Haustürgeschäften und ähnlichen Geschäften, GewArch. 1986, 73.
Häuser, Franz: Buchbesprechung, Frank Oehm, Das Darlehen im Reisegewerbe, WM 1986, 603.
Hammen, Horst: Der Maßstab des Doppelten bei der Sittenwidrigkeit von Zinsvereinbarungen, ZBB 1991, 87.
Heidelberger Kommentar: Heidelberger Kommentar zum Handelsgesetzbuch - Handelsrecht · Bilanzrecht · Steuerrecht - Kommentar zum Handelsgesetzbuch mit den Rechnungslegungsvorschriften nach dem Bilanzrichtlinien-Gesetz und den Steuern der kaufmännischen Personenunternehmen, 4., neubearb. und erw. Aufl., Heidelberg 1995 (*zit.:* Heidelberger Kommentar).
Hensen, Horst-Diether: Kurzkommentar zu BGH EWiR 1997, 49, in: EWiR 1997, 49.
Heymann: Handelsgesetzbuch (ohne Seerecht), Kommentar, Band 4, Viertes Buch, §§ 343-460; Anhang, Berlin, New York 1990 (*zit.:* Heymann-Bearbeiter).
Hippel, Eike von: Besserer Schutz des Verbrauchers bei Haustürgeschäften, BB 1983, 2024.
Holsteinischer Courier: Veröffentlichungen im Holsteinischen Courier, Neumünster (*zit.:* Holsteinischer Courier).
Honsell, Heinrich: Kurzkommentar zu BGH EWiR 1996, 1121, in: EWiR 1996, 1121.
Hopt, Klaus J.: Die Nichtigkeit von Darlehensverträgen bei Abschluß oder Vermittlung im Reisegewerbe, Rechtsprobleme der §§ 56 Abs. 1 Nr. 6 GewO, 134 BGB, NJW 1985, 1665.
Huber, Ernst Rudolf: Wirtschaftverwaltungsrecht, erster Band, zweite, neubearb. und erw. Aufl., Tübingen 1953 (*zit.:* Huber).
Husumer Nachrichten: Veröffentlichungen in den Husumer Nachrichten, Husum (*zit.:* Husumer Nachrichten).

Illustrierte Heidezeitung MOIN: Veröffentlichungen in der illustrierten Heidezeitung MOIN, Lüneburg (*zit.*: Illustrierte Heidezeitung MOIN).

Jahresbericht Volksbank: Jahresbericht der Volksbank Wittingen-Brome eG., 1990 (*zit.:* Jahresbericht Volksbank 1990).

Janicki, Hubertus: Die Erteilung privatrechtsgestaltender behördlicher Genehmigungen nach unanfechtbarer Versagung, NJW 1963, 838.

Jonas: Das Gesetz zur Verhütung von Mißbräuchen auf dem Gebiete der Rechtsberatung, DJ 1935, 1817.

Kaltenkirchener Nachrichten: Veröffentlichungen in den Kaltenkirchener Nachrichten, Bad Segeberg (*zit.:* Kaltenkirchener Nachrichten).

Kieler Nachrichten: Veröffentlichungen in den Kieler Nachrichten, Kiel (*zit.:* Kieler Nachrichten).

Knauth, Klaus-Wilhelm: Das Gesetz über den Widerruf von Haustürgeschäften und ähnlichen Geschäften, WM 1986, 509.

–: Die Bedeutung des Gesetzes über den Widerruf von Haustürgeschäften und ähnlichen Geschäften für die Kreditwirtschaft, WM 1987, 517.

Knütel, Rolf: Der eigene Ehemann - Ein von der Bank beauftragter „Hausbesucher"? NJW 1983, 1839.

Korte/Rebe: Verfassung und Verwaltung des Landes Niedersachsen - Begründet von Heinriche Korte, fortgeführt von Bernd Rebe, 2., völlig neubearb. und erw. Aufl., Göttingen 1986 (*zit.:* Korte/Rebe).

Kothe, Wolfhard: Die Verjährung des Bereicherungsanspruchs des Kreditnehmers bei unwirksamem Kreditvertrag, NJW 1984, 2316.

Koziol, Helmut: Sonderprivatrecht für Konsumtenkredite, AcP 188 (1988), 183.

Landeszeitung Schleswig-Holstein: Veröffentlichungen in der Landeszeitung Schleswig-Holstein, Rendsburg (*zit.:* Landeszeitung Schleswig-Holstein).

Landmann/Rohmer: Gewerbeordnung und ergänzende Vorschriften, Kommentar, Band I, Stand: 01.Oktober 1997, München 1997 (*zit.:* Bearbeiter, in: Landmann/Rohmer).

Land und Forst: Veröffentlichungen in der Hannoverschen Land- und Forstwirtschaftlichen Zeitung, Mitteilungsblatt der Landwirtschaftskammer Hannover, Hannover (*zit.:* Land und Forst).

Landwirtschaftliches Wochenblatt Westfalen-Lippe: Veröffentlichungen im Landwirtschaftlichen Wochenblatt Westfalen-Lippe, Münster (*zit.:* Landwirtschaftliches Wochenblatt Westfalen-Lippe).

Landwirtschaftsblatt Weser-Ems: Veröffentlichungen im Landwirtschaftsblatt Weser-Ems, Oldenburg (*zit.:* Landwirtschaftsblatt Weser-Ems).

Lobner, Christa: Allein gegen die Banken - Eine Frau im Kampf gegen die unseriösen Praktiken der Geldinstitute, München 1994.

Löwe, Walter: Schutz gegen Überrumpelung beim Vertragsabschluß - Zum Gesetz über den Widerruf von Haustürgeschäften und ähnlichen Geschäften, BB 1986, 821.

Medicus, Dieter: Kurzkommentar zu BGH EWiR 1997, 289, in: EWiR 1997, 289.

Meiwes, Heinz-Günther: Probleme des Ratenkreditvertrages, 3. Aufl., Düsseldorf 1988.

Metz, Rainer: Tilgungsverrechnung: Transparenz durch AGB-Recht und Preisangabenverordnung, NJW 1991, 668.

Möntmann, Hans Georg: Bonzen, Banken und Behörden: Kampf gegen Ausbeuter, Absahner und Niedermacher, München 1995.

Münchener Kommentar: Kommentar zum Bürgerlichen Gesetzbuch, Band 3, Schuldrecht, Besonderer Teil I (§§ 433-606), Finanzierungsleasing, VerbrkrG, HausTWG, Erbschafts- u. Schenkungssteuergesetz, MHG, HeizkostenV, 3. Aufl., München 1995 (*zit.:* Müko-Bearbeiter).

Neumann: Die Vorläufige Niedersächsische Verfassung - Handkommentar von Heinzgeorg Neumann, zweite, neubearb. Aufl., Stuttgart, München, Hannover 1987 (*zit.:* Neumann).

Niedersächsisches Tageblatt: Veröffentlichungen im Niedersächsischen Tageblatt, Lüneburg (*zit.:* Niedersächsisches Tageblatt).

Odenkirchen, Bernhard, Schaal, Hansjörg: Das Reisegewerbe als Sonderform des Direktvertriebs, GewArch. 1980, 73.

Oehm, Frank: Das Darlehen im Reisegewerbe, Frankfurt am Main 1985 (*zit.:* Oehm).

Ogger, Günter: Das Kartell der Kassierer - Die Finanzbranche macht Jagd auf unser Geld, München 1994.

–: Nieten in Nadelstreifen - Deutschlands Manager im Zwielicht, München 1992.

Ose, Ludwig: Kurzkommentar zu OLG München EWiR 1995, 375, in: EWiR 1995, 375.

Palandt: Bürgerliches Gesetzbuch, Kommentar, 57. neubearb. Aufl., München 1998 (*zit.:* Palandt-Bearbeiter).

–: Bürgerliches Gesetzbuch, Kommentar, 45. neubearb. Aufl., München 1986 (*zit.:* Palandt-Bearbeiter, 45. Aufl.).

Pikalo, Weimar, Winkler: Agrarrecht in Europa - Berichte des XIV. Europäischen Agrarrechtskongresses und Colloquiums des Comité Européen de Droit Rural (CEDR) in Salzburg, 22.-26. September 1987, Frankfurt am Main, Bern, New York, Paris 1991 (*zit.:* Pikalo u.a., Agrarrecht in Europa).

Reichsgerichtskommentar: Das Bürgerliche Gesetzbuch mit besonderer Berücksichtigung der Rechtsprechung des Reichsgerichts und des Bundesgerichtsho-

fes - Kommentar, hrsg. von Mitgliedern des Bundesgerichtshofes, 12., neubearb. Aufl., Berlin, New York 1982 (*zit.:* BGB-RGRK).
Reifner, Udo: Anmerkung zum Stand der Rechtsprechung zur Ehegattenmithaftung, VuR 1996, 167.
–: Handbuch des Kreditrechts - Verbraucherkredit und Realkredit, München 1991 (*zit.:* Reifner, Kreditrecht).
–: Abschaffung des § 56 Abs. 1 Nr. 6 GewO?, VuR 1989, 63.
Reinicke, Wolf-Rüdiger: Landstände im Verfassungsstaat - Verfassungsgeschichte und gegenwärtige Rechtsstellung der Landschaften und Ritterschaften in Niedersachsen, Göttingen 1975 (*zit.:* Reinicke, Landstände).
Reinicke, Wolf-Rüdiger, Stodolkowitz, Heinz-Dieter: Die Rechtsstellung und Bedeutung der Landschaften und Ritterschaften, Göttingen 1970 (*zit.:* Reinicke/Stodolkowitz).
Rühl, Reinhold: Jagdszenen in Niederbayern, „Die Zeit", Ausg. 41 vom 08.10.1993.
Rühle, Klaus: Das Wucherverbot - effektiver Schutz des Verbrauchers vor überhöhten Preisen?, Berlin 1978.
Schade, Jürgen: Geschäfte an der Haustür durch unbestellte Vertreter, Köln, Berlin, Bonn, München 1978.
Schlaus, Wilhelm: Rechtsfragen der Haustürgeschäfte unter besonderer Berücksichtigung der Kredit- und Wertpapiergeschäfte, ZHR 151 (1987), 180.
Schmelz, Karl-Joachim: Der Verbraucherkredit, München 1989 (*zit.:* Schmelz, Verbraucherkredit).
–: Verbesserung des Verbraucherschutzes im Konsumentenkreditrecht? - § 56 Abs. 1 Nr. 6 GewO, § 1 HwiG, § 7 VerbrkrG, NJW 1991, 1219.
Scholz, Franz Josef: Recht und Praxis des Konsumentenkredits, zweite, neubearb. Aufl., Köln 1985 (*zit.:* Scholz, Konsumentenkredit).
Schwark, Eberhard: Rechtsfragen des Konsumentenkredits – insbesondere aus der Zeit der Niedrigzinsphase 1975 bis 1979, Frankfurt am Main 1986.
Segeberger Zeitung: Veröffentlichungen in der Segeberger Zeitung, Bad Segeberg (*zit.:* Segeberger Zeitung).
Sörgel: Bürgerliches Gesetzbuch mit Einführungsgesetzen und Nebengesetzen, Band 1, Allgemeiner Teil (§§ 1-240), HaustürWiderrufG, 12., neubearb. Aufl., Stand: Sommer 1987, Stuttgart, Berlin, Köln, Mainz 1988 (*zit.:* Sörgel-Bearbeiter).
SPD-Zeitschrift „Die Lupe": Veröffentlichungen in der SPD-Zeitschrift „Die Lupe", Bonn (*zit.:* SPD-Zeitschrift „Die Lupe").
Staudinger: J. von Staudingers Kommentar zum Bürgerlichen Gesetzbuch mit Einführungsgesetz und Nebengesetzen, Erstes Buch, Allgemeiner Teil, §§ 90-240, 12. neubearb. Aufl., Berlin 1980 (*zit.:* Staudinger-Bearbeiter).

Zweites Buch, Recht der Schuldverhältnisse, §§ 581-597, Landpacht, §§ 598-610, 12., neubearb. Aufl., Berlin 1989 (*zit.:* Staudinger-Bearbeiter).

Stenographische Berichte: Stenographische Berichte über die Verhandlungen des Reichstages, 5., Legislaturperiode, II. Session 1882/83, Fünfter Band, Anlagen, S. 22 (*zit.:* Stenographische Berichte 1982/83).

„stern“: Veröffentlichungen im Magazin „stern“, Hamburg (*zit.:* Magazin „stern“).

Stober, Ralf: Neuregelungen im Gewerberecht, NJW 1984, 2857.

„taz“: Veröffentlichungen in der Zeitung „taz“, Berlin (*zit.:* „taz“).

Tepper, Franz: Einige Bemerkungen zur Wirksamkeit von Haustürgeschäften im Kreditgewerbe, JR 1990, 356.

Teske, Wolfgang: Das neue Gesetz über den Widerruf von Haustürgeschäften und ähnlichen Geschäften, ZIP 1986, 624.

–: Das gewerberechtliche Verbot des Abschlusses und der Vermittlung von Darlehensgeschäften im Reisegewerbe und seine Auswirkungen auf das Zivilrecht, ZIP 1985, 649.

top agrar: Veröffentlichungen in top agrar, das Magazin für die moderne Landwirtschaft, Münster-Hiltrup (*zit.:* top agrar).

Ulmer, Peter: Direktvertrieb und Haustürwiderrufsgesetz – Zivil- und wettbewerbsrechtliche Probleme - WRP 1986, 445.

Unabhängige Bauernstimme: Veröffentlichungen in der Unabhängigen Bauernstimme, eine Zeitschrift von Bäuerinnen und Bauern, Rheda-Wiedenbrück (*zit.:* Bauernstimme).

Veit, Susanne: Anmerkung zu OLG Hamburg VuR 1996, 317, in: VuR 1996, 317.

„Vorwärts“: Veröffentlichungen in der Zeitung „Vorwärts“, Bonn (*zit.:* „Vorwärts“).

Werner/Machunsky: Haustürwiderrufsgesetz, Kommentar, Göttingen 1990.

Wesselmann, Gerd: Verschuldung in die Sackgasse hinein?, Forum 2/87, S. 59.

Wissel, Holger: Die Werbung für die Vermittlung von Krediten - Ein Überblick über die neuere Rechtsprechung - WRP 1980, 525.

Abkürzungen

Anstelle eines eigenen Abkürzungsverzeichnisses wird verwiesen auf
Kirchner, Hildebert: Abkürzungsverzeichnis der Rechtssprache, vierte, erneuerte und erweiterte Auflage, Berlin, New York 1993.

Ansonsten wurden allgemeingebräuchliche oder allgemeinverständliche Abkürzungen verwendet.

Anmerkungen

Die Monographie berücksichtigt die bis zum 15.06.1998 veröffentlichte Rechtsprechung und Literatur.

Im Rahmen meiner Tätigkeit als wissenschaftlicher Mitarbeiter für die Anwaltskanzlei Einfeldt, Hohenwestedt/Schleswig-Holstein diente sie mir gleichzeitig als Rechtsgutachten.

Einleitung: Die Einführung in die Untersuchung

A. Die Darstellung der Problematik

Die vorliegende Arbeit ist der anwendungsbezogenen Forschung gewidmet. Sie untersucht für die anwaltliche Praxis, insbesondere anhand der Rechtsprechung, die mögliche Nichtigkeit landwirtschaftlicher Hypothekenkreditverträge sowie den möglichen Bereicherungs-, Nutzungs- und Schadensausgleich bei bereits abgewickelten Geschäften am Beispiel der Darlehensverträge des ehemaligen Braunschweigischen ritterschaftlichen Kreditinstituts/-vereins, Wolfenbüttel aus den Jahren 1962-1987. Die Ritterschaft des ehemaligen Landes Braunschweig gründete 1862 besagtes Kreditinstitut.[1] Zunächst firmierte es unter der Bezeichnung Braunschweigischer ritterschaftlicher Kreditverein[2], ab 1968 trug es den Namen Braunschweigisches ritterschaftliches Kreditinstitut.[3] 1989 fand die Umwandlung in die Braunschweigische ritterschaftliche Hypothekenbank AG (BRH) statt. Alleinaktionärin blieb zunächst die Landwirtschaftliche Rentenbank, Frankfurt/M., die ihre Beteiligung noch im selben Jahr an die Deutsche Genossenschafts-Hypothekenbank AG, Hamburg-Berlin (DG HYP), veräußerte.[4] 1993 erfolgte die Verschmelzung der BRH mit der DG HYP.[5]

Zweifelhafte Kreditgeschäfte von Banken mit finanziell notleidenden Landwirten - vermittelt durch Finanzmakler - waren Mitte der 80er Jahre Gegenstand von Berichten in landwirtschaftlichen Fachzeitschriften[6], in der regionalen

---

1 Geiecke, Ritterschaftliche Kreditinstitute, S. 101 ff.

2 Geiecke, ebd., S. 113 ff.; siehe auch § 2 der Satzung des Braunschweigischen ritterschaftlichen Kreditvereins vom 17.05.1940, Braunschweigische Gesetz- und Verordnungsammlung vom 31.07.1940, Stück 13, Nr. 21, S. 47 ff. sowie den aus auszugsweisen Abdruck der Satzung im Anhang.

3 Geiecke, ebd., S. 219 ff.; siehe auch § 1 der Satzung des Braunschweigischen ritterschaftlichen Kreditinstituts vom 19.06.1968, Nds. MBl. 1968, S. 626 sowie den auszugsweisen Abdruck der Satzung im Anhang.

4 Geschäftsbericht BRH 1989, S. 3.

5 Geschäftsbericht DG HYP 1993, Anhang (2), S. 43.

6 Zu nennen sind hier zunächst die Artikel in der Land und Forst vom 23.03.1985, Ausg. 12, S. 2 („Landwirt verklagte Kreditvermittler"), vom 15.06.1985, Ausg. 24, S. 88 („Des Maklers Interesse galt nicht dem Schuldenstand"), vom 07.09.1985, Ausg. 36, S. 63 („150.000 DM Kosten - aber kein Kredit"), vom 09.11.1985, Ausg. 45, S. 74 („Man verglich sich ..."), vom 10.05.1986, Ausg. 19, S. 84 („Wie dem

Presse[7] sowie in überregionalen Zeitungen.[8] Auch das Wolfenbütteler Geldinstitut arbeitete mit derartigen Kreditvermittlern zusammen.[9] Anhand einiger Einzel-

---

WDN wohl ein Fehler unterlief ..."), vom 21.02.1987, Ausg. 8, S. 99 („Wirtschaftsdienst Nord stelle Konkursantrag"), vom 28.03.1987, Ausg. 13, S. 75 („Ihn ereilte der Zinszuschlag über alles"), vom 25.04.1987, Ausg. 17, S. 78 („Nicht nach der feinen Art ..." und „Umgang mit einem Vertrauensmakler"), vom 05.09.1987, Ausg. 36, S. 66 („Die Erkenntnisse des Konkursverwalters"), vom 26.09.1987, Ausg. 39, S. 52 („Des Maklers Mühe erlahmte nicht"), des weiteren die Aufsätze in der Unabhängigen Bauernstimme vom Februar 1987, Ausg. 76, S. 10 („Kredite für Bauern: „Lösen wir die Geldprobleme gemeinsam ..."), im Landwirtschaftlichen Wochenblatt Westfalen-Lippe vom 09.06.1987 („Braunschweiger Ritterschaft in Nöten"), im Landwirtschaftsblatt Weser-Ems vom 06.03.1987 („Nie wieder nehme ich Geld vom Kredithai"), im Bauernblatt Schleswig-Holstein vom 23.03.1985 („Zivilgerichtsverfahren begann"), vom 08.06.1985 („Bauern klagen gegen Kreditvermittler") vom 07.09.1985 („Finanzielle Not endet mit Zwangsversteigerung"), vom 09.11.1985 („WDN-Prozeß endet mit Vergleich") vom 23.05.1987 („WDN-Gläubigerversammlung am 12. Juli"), im Bayerischen Landwirtschaftlichen Wochenblatt vom 04.05.1985, Ausg. 18, S. 12 („Kredite, die tödlich sein können"), in der agrar praxis, Ausg. 9/85, S. 16 („Ungeniert kaputtfinanziert") und in der top agrar, Ausg. 2/87, S. 58 („Unseriöse Kreditmakler bekommen Gegenwind"), Ausg. 3/87 („Konkursantrag gegen Wirtschaftsdienst Nord"), Ausg. 7/87 („Wolfenbütteler Raubritter"), Ausg. 10/87 („Konten geplündert"), Ausg. 9/86 („Wenn die Bank den Geldhahn abdreht ...").

7 So im Holsteinischen Courier vom 22./23.12.1984 („BfG-Chef geht"), in den Kieler Nachrichten vom 14.03.1985 („Kreditvermittler unter Verdacht"), in der Landeszeitung Schleswig-Holstein vom 14.03.1985 („Kreditvermittler hatte es auf Landwirte abgesehen"), in den Kieler Nachrichten vom 16.03.1985 („Steckt die Konkurrenz dahinter?"), vom 19.03.1985 („Durch Umschuldung noch tiefer ins Minus?"), in der Segeberger Zeitung vom 20.03.1985 („Fast wie die Geier" und „WDN steht vor Prozeß-Lawine"), in den Kaltenkirchener Nachrichten vom 30.03.1985 („Weihnachten ohne Kinder und Heizung"), in der Segeberger Zeitung vom 16.04.1985 („Wirtschaftsdienst wird erpreßt"), vom 23.04.1985 („Statt Dank Nackenschläge für WDN"), in den Kieler Nachrichten vom 04.06.1985 („Wollte der Makler alles machen - oder gar nichts?"), in den Lübecker Nachrichten vom 10.07.1985 („Kredithaie treiben Bauern in den Ruin"), in den Kieler Nachrichten vom 10.07.1985 („Viele Bauern Opfer von unseriösen Beratern" und „Engholm sichert Bauern seine Unterstützung zu"), im Holsteinischen Courier vom 10.07.1985 („Kredithaie bringen Bauern in Not"), in den Husumer Nachrichten vom 21.08.1985 („Bankrotte Bauern klagen in Kiel gegen Kreditvermittler"), in den Kieler Nachrichten vom 04.09.1985 („Makelte der Makler nur wegen der Provision?"), vom 05.11.1985 („Vertrauen ehrt keineswegs immer"), vom 23.04.1986 („Noch kein Ende der Prozesse abzusehen"), in der Illustrierten Heidezeitung MOIN vom 01.02.1987 („Lösen wir Ihre Geldprobleme gemeinsam ..."), in den Kieler Nachrichten vom 14.02.1987 („Konkursantrag gegen WDN gestellt"), vom 16.02.1987 („Gericht bestimmt die Zukunft des WDN"), in der Segeberger Zeitung vom 20.02.1987 („Rechtsanwalt Einfeldt verteidigt Landwirte"), in den Bramstedter

fälle soll zunächst allgemein kurz die unseriöse landwirtschaftliche Kreditvermittlungspraxis aufgezeigt werden, bevor anschließend die ritterschaftlichen Geschäfte abzuhandeln sind.

Da ist zuerst der Fall eines Landwirtes aus dem Raum Celle.[10] Nach Selbsteinschätzung beliefen sich seine Gesamtschulden im März 1983 auf 568.000 DM. Darin enthalten waren Wechselverbindlichkeiten gegenüber dem Landhandel in Höhe einer Viertelmillion DM, die kurzfristig fällig wurden. Der Landwirt interessierte sich für eine Ablösung der Wechseldarlehen. Der von ihm herbeigerufene Vermittler drängte jedoch auf eine Umschuldung aller Verpflichtungen mit dem Hinweis auf die angestrebte Alleingläubigerschaft der den Kredit bewilligenden Bank. Die schließlich vereinbarte Summe in Höhe von 670.000 DM erwies sich jedoch als zu gering, um Altschulden, Gebühren und Maklerprovision abdecken zu können, mit der Folge, daß die Bank die Kreditvergabe ablehnte. Für die gescheiterte Umschuldung berechnete der Makler dem Landwirt eine Provision in Höhe von 154.181.73 DM.[11] Da der Landwirt seinen Verpflichtungen nicht nachkam, ließ der Makler den Hof am 4. September 1985 zwangsversteigern.[12] Die gegen den Finanzierungsvermittler schließlich angestrengte Schadensersatzklage[13] endete für den Landwirt mit einem Vergleich, der die Erledigung „alle(r) wechselseitigen Ansprüche" festschrieb. [14]

Ähnlich ist auch der Fall eines schleswig-holsteinischen Landwirts, Besitzer eines 33 ha Grünlandbetriebes.[15] Schulden von ca. 300.000 DM bewegten ihn zu einer Inanspruchnahme der Dienstleistung eines Kreditvermittlers. Nachdem die

---

Nachrichten vom 20.03.1987 („Mit dem WDN-Vermögen ist kein Staat zu machen"), in der Segeberger Zeitung vom 21.03.1987 („Wirtschaftsdienst Nord ist finanziell ausgehöhlt"), in der Braunschweiger Zeitung vom 01.04.1987 („Strohhalm wurde zum Pfeil ins Herz") und in der Hannoverschen Allgemeinen Zeitung vom 02.05.1987 („Ritterschaftliches Institut erhält Geldspritze").

8 Erwähnt seien die Veröffentlichungen im Magazin „stern", Ausg. 10/85, S. 198 („Das große Bauernlegen"), Ausg. 14/87, S. 270 („Raubritter aus Wolfenbüttel"), in der „taz" vom 13.07.1985 („Kredithaie treiben Bauern in den Ruin"), im „Vorwärts" vom 17.08.1985 („Kredithaie kassieren beim Bauernlegen ab"), in der SPD-Zeitschrift „Die Lupe", Ausg. 08/85 („Bauernlegen") und in der Börsenzeitung vom 30.04.1987 („Ritterschaft in Schwierigkeiten").

9 Vgl. insbesondere Magazin „stern", Ausg. 14/87, S. 270.

10 Land und Forst, Ausg. 12/85, S. 2; Ausg. 24/85, S. 88; Ausg. 36/85, S. 63; Ausg. 45/85, S. 74; Ausg. 19/86, S. 84; Ausg. 8/87, S. 99.

11 Land und Forst, Ausg. 24/85, S. 88.

12 Land und Forst, Ausg. 36/85, S. 63; in Ausg. 45/85, S. 74 wird hingegen vom noch laufenden Zwangsversteigerungsverfahren berichtet.

13 Land und Forst, Ausg. 36/85, S. 63.

14 Land und Forst, Ausg. 45/85, S. 74.

15 Land und Forst, Ausg. 19/86, S. 84.

erste Umschuldung auf der Basis von 400.000 DM nicht ausreichte, um den Finanzbedarf des Hofes zu sichern, nahm er einen weiteren Kredit über 200.000 DM auf. Der Makler verlangte hierfür eine Provision von 98.000 DM, wobei er nicht den Neukredit von 200.000 DM, sondern den Gesamtkredit von 600.000 DM zur Grundlage seiner Berechnung machte.

Diesem Fall vergleichbar sind auch der Fall eines Cuxhavener Landwirts[16], der für einen 650.000-DM-Kredit 173.000 DM Provision an den Kreditvermittler zahlte sowie der Fall eines westfälischen Landwirts[17], der für seinen 26 ha Hof einen Nettokredit von 375.000 DM zum Maklerpreis von 102.141,11 DM vermittelt bekam und zur Absicherung des Bankdarlehens und der Vermittlungsprovision Grundschulden in Höhe von insgesamt 550.000 DM[18] bestellen mußte. Verhältnismäßig bescheiden mögen dagegen 60.480 DM Kreditvermittlerprovision für einen 800.000-DM-Kredit an einen niedersächsischen Landwirt[19] wirken. Besonders gravierend ist demgegenüber der Fall eines bayerischen Hopfenbauern[20], der für einen Kredit über 1,1 Millionen DM exakt 571.866,68 DM an Finanzmaklerkosten und 436.701,43 DM an Kreditzinsen zu entrichten hatte, die schließlich zur Kreditkündigung und anschließenden zwangsweisen Hofverwertung führten.

Die Vorgehensweise der Finanzierungsvermittler lief dabei in vielen Fällen nach folgendem Schema ab: In landwirtschaftlichen Fachzeitschriften wurden Annoncen etwa folgenden Wortlauts veröffentlicht[21]: „... Wir vermitteln zinsgünstig über deutsche Banken Festzinshypotheken, Überbrückungskredite, Wirtschaftskredite, Umschuldungen, Betriebsmittelkredite kurz-, mittel- oder langfristig. Feste Zinsen mit langer Laufzeit, - präzise Kalkulation -. Wir helfen auch in schwierigen Fällen. Qualifizierte Fachberater mit landwirtschaftlichen Kenntnissen beraten Sie sachgerecht."

Nach dem Studium der Anzeigen wird der Kreditmakler vom Landwirt zum Besuch auf den Hof gebeten. Während des Gesprächs im Wohnzimmer nennt letzterer die von ihm für notwendig erachtete Kreditsumme zur Befriedigung einiger Gläubiger.[22] Der Vermittler indes besteht auf die Durchführung einer Gesamtumschuldung und die damit verbundene Ablösung aller Altkredite durch einen einzigen erstrangig gesicherten Neugläubiger. Zur Kreditbeschaffung verlangt dann der Finanzmakler die Unterschrift seines Kunden unter einer Vielzahl

16 Ebd., S. 84.
17 Land und Forst, Ausg., 17/87, S. 78.
18 Hier wurden Grundschulden in Höhe von 450.000 DM für die Bank und in Höhe von 100.000 DM für den Makler verlangt.
19 Land und Forst, Ausg. 17/87, S. 78.
20 Magazin „stern" Ausg. 10/85, S. 198, 199.
21 Nachdruck im Artikel der Unabhängigen Bauernstimme, a.a.O. (Fußn. 6).
22 Ebd.

von Kreditformularen, sowohl des Vermittlungsbüros als auch der zu vermittelnden Bank. Zu nennen sind hier insbesondere der Antrag auf Eröffnung eines Kontos bei der kreditgewährenden Bank, Vollmachten zur Einsichtnahme in alle Kreditkonten des Schuldners sowie zur Beschaffung von Grundbuchauszügen und Katasterunterlagen, Überweisungsaufträge für Zahlungen des Kreditnehmers an die Bank und an den Finanzmakler, die vom Makler nach der Kreditgewährung eingereicht werden, Globalabtretungen von Milchgeld und Lebensversicherungen, Kreditbeschaffungsaufträge, Aufträge für den Alleinverkauf von Grundstücken ausschließlich durch das Vermittlungsinstitut sowie Blanko-Formulare für unvorhersehbaren Bedarf. Es verbleiben meistens keine Duplikate beim Landwirt.[23] Einige Zeit später macht dann der Finanzmakler seine Provision, bis zu 30% des Nettokredits und darüber, geltend, die vom zugesagten Kreditbetrag sogleich einbehalten wird und den Landwirt damit zu einer Krediterhöhung, gegebenenfalls zu ungünstigeren Bedingungen, nötigt. Da zudem die Kredite nur eine Laufzeit von einem Jahr haben[24], werden neue Kredite erforderlich oder hohe Verzugszinsen bei Zahlungsrückstand berechnet.[25] Maklerprovisionen auch unabhängig von einer Kreditzusage[26] und für den Fall eines vom Landwirt eigenmächtig vorgenommenen Landverkaufs zur Entschuldung, führen schließlich nicht selten mit den vorgenannten Umständen zu einem Schuldenkarussell, in welchem innerhalb weniger Jahre aus Verbindlichkeiten in Höhe von 450.000 DM leicht 1,4 Millionen DM werden können.[27]

Ähnliche Kreditgeschäfte trugen Finanzvermittler auch dem Braunschweigischen ritterschaftlichen Kreditinstitut an, wie der Fall eines Landwirts aus dem Kreis Neustadt am Rübenberge bei Hannover verdeutlicht. Sein Fall wird als beispielhaft für die Vorgehensweise ritterschaftlicher Geldmakler genannt.[28]

---

23 Ebd.; Magazin „stern“, Ausg. 10/85, S. 202.

24 Bei den Krediten mit nur einjähriger Laufzeit handelte es sich vermutlich um Verträge der Bank für Gemeinwirtschaft - Filiale Oldenburg oder Neumünster -, die in den 70er und 80er Jahren ebenfalls mit Finanzmaklern zusammenarbeitete und deren Kreditgeschäfte bereits Gegenstand der BGH-Entscheidung vom 19.02.1991 (BGH ZIP 1991, 359) waren. Kredite des ritterschaftlichen Kreditinstitutes hatten dagegen eine 20jährige Laufzeit. Einige ritterschaftliche Kreditvermittler waren aber gleichzeitig auch für die Bank für Gemeinwirtschaft Oldenburg bzw. Neumünster tätig. So vermittelten sie den Landwirten dann zunächst einjährige Umschuldungskredite bei der Bank für Gemeinwirtschaft und anschließend langfristige Umschuldungskredite beim ritterschaftlichen Kreditinstitut. Zu diesen Kreditvermittlungspraktiken im einzelnen sogleich näher.

25 Unabhängige Bauernstimme, a.a.O. (Fußn. 6).

26 Siehe oben, S. 29.

27 Unabhängige Bauernstimme, a.a.O. (Fußn. 6).

28 Magazin“stern“, Ausg. 14/87, S. 270, 271.

1977 hatte der Landwirt den Hof von seinen Eltern übernommen. Der Betrieb war nicht schuldenfrei. Der seinerzeit 26 Jahre alte Landwirt suchte Rat beim Landwirtschaftsamt und nahm die ihm geratenen ertragssteigernden Investitionen vor. Er baute einen Stall für 20 Kühe und erwarb Maschinen hinzu. Die Folge war eine Zunahme der Verschuldung ohne eine entsprechende Erhöhung des Einkommens. Der Landwirt sah in seiner Notlage schließlich keinen anderen Ausweg als die Dienstleistung einer norddeutschen Kreditvermittlungsgesellschaft in Anspruch zu nehmen. Diese vermittelte ihm zuerst einen kurzfristigen Kredit von einer Bank in Neumünster[29] über 800.000 DM mit einer Laufzeit von einem Jahr. Hiervon brachte man Provisionen und Gebühren in Höhe von 107.000 DM in Abzug. Mit dem tatsächlich erhaltenen Nettokredit konnten bereits nicht alle bisherigen Gläubiger befriedigt werden. Schließlich kam der Landwirt auch noch mit der Rückzahlung des Kredits in Verzug, so daß die Bank den Kredit kündigte. Das Finanzierungsvermittlungsunternehmen beschaffte daraufhin dem Landwirt einen Umschuldungskredit über 800.000 DM mit einer 20jährigen Laufzeit vom Braunschweigischen ritterschaftlichen Kreditinstitut. Jener Kredit löste einen Teil der Verpflichtungen gegenüber der Bank in Neumünster ab, der Rest diente zur Befriedigung anderer Verbindlichkeiten. Der Landwirt geriet erneut mit der Rückzahlung des Darlehens in Verzug und das ritterschaftliche Bankhaus betrieb schließlich die Versteigerung des Hofes. Die Umschuldung war für den Landwirt im Ergebnis wirtschaftlich sinnlos, da sie nur zusätzliche Kosten verursacht hatte und zum Verlust seines Betriebes führte.

Den Eintritt des Verzugsfalles bei Krediten an ohnehin finanzschwache Landwirte begünstigten vor allem äußerst unbillige Verzugsregelungen in den Geschäftsbedingungen des ritterschaftlichen Instituts.[30] Danach behielt sich die Bank das Recht vor, einen Zinszuschlag in Höhe von 4% auf das nicht fällige Restkapital zu erheben, sofern der Darlehensnehmer eine fällige Zins-, Tilgungs- oder Kapitalbeschaffungskostenleistung nicht innerhalb von 14 Tagen nach Fälligkeit vollständig bewirkte. Die Landwirte befanden sich auch vielfach über die Höhe der Auszahlung des Darlehens im Unklaren. So versprach die ritterschaftliche Kreditanstalt im Zusageschreiben eine 100%ige Auszahlung des Darlehens. Tatsächlich vernebelte sie diese Zusage durch den eingeschobenen Begriff „Tilgungsstreckung“. Diese „Tilgungsstreckung“, die beim Kreditnehmer den Eindruck einer Vergünstigung erweckte, erwies sich in Wirklichkeit als eine zusätzliche Belastung. Die Höhe der Kosten dieser „Tilgungsstreckung“ lagen in den

29 Hierbei dürfte es sich wohl, wie soeben dargelegt, um einen Kredit der Bank für Gemeinwirtschaft - Filiale Neumünster - gehandelt haben.

30 Land und Forst, Ausg. 13/87, S. 75; vgl. auch den auszugsweisen Abdruck der Geschäftsbedingungen im Anhang.

Kreditbewilligungen der Bank über denen des Tilgungsssatzes. Auf Anfrage der Kunden beim ritterschaftlichen Institut benutzte letzteres für den Begriff der „Tilgungsstreckung“ auch andere Begriffe, wie Disagio, Damnum oder Kreditbeschaffungskosten. Ritterschaftliche Darlehenszusageschreiben enthielten zudem oftmals den Begriff „Tilgungsstreckung“, während in den notariellen Schuldurkunden - welche die Kreditnehmer auf Anweisung des ritterschaftlichen Kreditinstitutes anschließend zu unterzeichnen hatten - von Kapitalbeschaffungskosten die Rede war. In dieser Praxis sahen das LG Braunschweig und das OLG Braunschweig bereits in einer Vielzahl von Fällen einen Verstoß gegen § 3 AGBG bzw. - für Verträge vor 1977 - gegen § 242 BGB.[31]

Neben diesen Kapitalbeschaffungskosten kam auch noch eine Bearbeitungsgebühr von 1% der Darlehenssumme hinzu. Ohne Wissen der betroffenen Landwirte zahlte zudem das ritterschaftliche Bankhaus den Kreditvermittlern häufig eine Innenprovision (Packing) von 0,5% bis 1% des Darlehensbetrages.[32] Die Darlehenstilgung erfolgte vielfach durch den Abschluß einer Lebensversicherung in Höhe von 60% des gewährten Darlehens. Die Provisionen der Lebensversicherungsverträge flossen zu einem großen Teil über die Agentur der Ehefrau eines Bankvorstandes.[33] Äußerst unbillig und den Verzugsfall stark beschleunigend war auch die Kündigungsklausel in den ritterschaftlichen Schuldurkunden. Danach konnte das Darlehen bereits mit einmonatiger Frist gekündigt werden, wenn der Darlehensnehmer irgendwelchen, auch noch so geringfügigen, Verpflichtungen zwei Wochen nicht nachkam.[34] Die Landwirte hatten ferner, selbst bei der Vergabe von Millionenkrediten, grundsätzlich keinen Kontakt zum Kreditinstitut. Die ritterschaftliche Bank beauftragte überwiegend Finanzmakler mit der Akquisition der Kreditgeschäfte. Diese waren auch vielfach zuständig für die Durchführung der notariellen Beurkundung der grundpfandrechtlich gesicherten Kredite durch Benennung eines Notars, bei welchem der Landwirt, zusammen mit dem Kreditvermittler, erscheinen mußte. Zahlreiche Finanzierungsgeschäfte kamen auch außerhalb des Geltungsbereichs der ritterschaftlichen Kreditsatzungen zustande.[35] Ein großer Teil der Kreditnehmer besaß zu Beginn der Vertragsbeziehung zum ritterschaftlichen Geldinstitut zwar noch seinen Hof als Kredit-

31 Vgl. z.B. LG Braunschweig, Az. 5 O 469/93; 5 O 47/93; 5 O 243/90; 5 O 374/89; 5 O 237/89; 5 O 58/89; 5 O 54/89; 5 O 498/87; OLG Braunschweig, Az. 3 U 103/94; 3 U 141/91; 3 U 122/90; 3 U 56/90 und 3 U 87/88. Hierzu und zur Bedeutung unwirksamer Kapitalbeschaffungskostenklauseln als belastender Geschäftsumstand im Rahmen von § 138 Abs. 1 BGB im einzelnen noch später näher.

32 Land und Forst, Ausg. 13/87, S. 75.

33 Magazin „stern“, Ausg. 14/87, S. 270, 271.

34 Vgl. den auszugsweisen Abdruck der Geschäftsbedingungen im Anhang.

35 Land und Forst, Ausg. 13/87, S. 75.

sicherheit, blieb aber nicht in der Lage, seinen Verpflichtungen nachzukommen. Auch der Bankvorstand ging davon aus, daß kein Landwirt die Ritterschaftskredite 20 Jahre erfüllen konnte. Vielmehr sollte ihm eine Chance zur Selbstentschuldung durch Grundverkäufe gegeben werden.[36] Das Ende derartiger Kreditgewährungen war aber nicht selten die Sozialhilfebedürftigkeit des Landwirts.[37]

Mittlerweile hat sich bereits der BGH in mehreren Entscheidungen mit den Ritterschafts[38]- und BfG[39]-Kreditgeschäften auseinandergesetzt und sie im Einzelfall auch schon für nichtig[40] erklärt.

Nach Schätzungen einer Interessengemeinschaft kreditgeschädigter Landwirte sind über eintausend Kreditnehmer von den zuvor geschilderten zweifelhaften Banken-Praktiken betroffen.[41] Es handelt sich hierbei demnach nicht um einige wenige vernachlässigungswerte Einzelfälle, sondern um ein Problem von allgemeiner Bedeutung. Auch verschlechtert sich seit dem Ende der 80er Jahre wieder die finanzielle Lage von Landwirten, so daß in Bankenkreisen eine große Besorgnis über den hohen Fremdkapitaleinsatz in der Landwirtschaft besteht.[42] Angesichts der EG-Agrarpreisbeschlüsse vom Frühjahr 1992[43] und dem Hochzinsniveau Anfang der 90er Jahre sowie den starken landwirtschaftlichen Kreditinvestitionen in den neuen Bundesländern, ist in den kommenden Jahren unter Umständen auch mit verstärkten finanziellen Schwierigkeiten in der Landwirtschaft zu rechnen, die zumindest die Gefahr einer erneuten Welle zweifelhafter Kreditgeschäfte in sich bergen. Das wird daran deutlich, daß schon in den letzten Jahren eine Reihe überschuldeter landwirtschaftlicher Kreditnehmer - unabhängig von Ritterschafts- und BfG-Kreditgewährungen - ihre Höfe durch dubiose Methoden von Geschäftemachern und Kreditgebern verloren.[44] Weil aber regelmäßig wohl nur „Extremfälle" publik werden, dürfte insoweit bereits jetzt

---

36 Magazin „stern", Ausg. 14/87, S. 270, 271.

37 Unabhängige Bauernstimme, a.a.O. (Fußn. 6); Magazin „stern", Ausg. 10/85, S. 202, 203; Ausg. 14/87, S. 270.

38 So in BGH WM 1998, 923; WM 1993, 1323; WM 1992, 8; WM 1990, 1989 und ZIP 1988, 1450.

39 BGH ZIP 1991, 359.

40 So in BGH WM 1992, 8 (Verbotswidrigkeit eines Ritterschaftskredites) und in BGH ZIP 1991, 359 (Sittenwidrigkeit eines BfG-Kredites).

41 Unabhängige Bauernstimme, a.a.O. (Fußn. 6).

42 Wesselmann, Forum 2/87, S. 59.

43 Senkung der landwirtschaftlichen Erzeugerpreise bei unzureichendem Einkommensübertragungsausgleich für die Jahre 1993-1995; vgl. top agrar, Ausg. 6/92, S. 96 ff.

44 Vgl. nur die Aufsätze „Der Tod eines Landwirts", Land und Forst, Ausg. 26/90, S. 90; „Wie Günther Bühring um seinen Hof gebracht wurde", Unabhängige Bauernstimme vom April 1992, Ausg. 135, S. 6 und Rühl, „Jagdszenen in Niederbayern", „Die Zeit", Ausg. 41 vom 08.10.1993.

von einer nicht unbeachtlichen Dunkelziffer tatsächlich Geschädigter ausgegangen werden können.

B. Die Notwendigkeit der Arbeit

Anwendungsbezogene Untersuchungen speziell zur Nichtigkeit gewerblicher, insbesondere landwirtschaftlicher Kreditgeschäfte fehlen.[45] Die Karlsruher Juristische Bibliographie weist keine entsprechenden Veröffentlichungen in den letzten 25 Jahren aus. Vergleichbare Abhandlungen beschäftigen sich mit der Sittenwidrigkeit privater Konsumentenratenkredite.[46] Dort dominiert jedoch die Grundlagenforschung. Nicht vergessen soll allerdings, daß sich der Europäische Agrarrechtskongreß 1987 in Salzburg[47], wenn auch nicht mit Kreditrechtsfragen, so doch zumindest sehr ausführlich mit Zahlungsschwierigkeiten von Landwirtschaftsbetrieben in Europa auseinandergesetzt hat.

Erwähnenswert ist in diesem Zusammenhang auch eine Veranstaltung der Deutschen Anwaltsakademie in der Ländlichen Heimvolkshochschule Goslar vom 3. bis 7. Oktober 1988 zum Thema „Insolvenzen in der Landwirtschaft".[48] Wurden hier vornehmlich Fragen zum Zwangsvollstreckungs-, Konkurs- und Vergleichsrecht landwirtschaftlicher Betriebe erörtert, so kann es sich doch zumindest auch regelmäßig zugleich um rechtliche Folgeprobleme landwirtschaftlicher Kreditschädigungen handeln, die mit diesen in engem Zusammenhang stehen können.

Gleichwohl ändern derartige Veranstaltungen jedoch nichts an der Notwendigkeit der vorliegenden Abhandlung, die einen Beitrag dazu leisten kann, einen sozial verträglichen Bereicherungs-, Nutzungs- und Schadensausgleich für Landwirte, die ihres Hofes oder einzelner Ländereien verlustig gegangen sind, zu ermöglichen.

---

45 Zur Einordnung von Landwirten als Gewerbetreibende, vgl. BGH NJW 1961, 725, 728.

46 Vgl. z.B. Schwark, Rechtsfragen des Konsumentenkredits, dem ein Gutachten für die KKB-Bank, Düsseldorf zugrunde lag. Die vorliegende Arbeit ist eine Art Gegenstück aus der Interessenlage von Kreditnehmern.

47 Pikalo u.a., Agrarrecht in Europa.

48 Vgl. die begleitenden Arbeitsunterlagen zu der Veranstaltung von der Deutschen Anwaltsakademie.

C. Der Inhalt der Abhandlung

Die vorliegende Monographie befaßt sich im ersten Teil mit einer möglichen Nichtigkeit der ritterschaftlichen Kreditgeschäfte nach §§ 177 ff. BGB wegen fehlender aufsichtsbehördlicher Genehmigung. Des weiteren soll geprüft werden, unter welchen Voraussetzungen die vermittelten Hypothekenkredite eventuell nach § 134 BGB i.V.m. § 56 Abs. 1 Nr. 6 GewO wegen Verstoßes gegen das Reisegewerbekreditvermittlungsverbot bzw. i.V.m. Art. 1, § 1 RBerG wegen Durchführung unerlaubter Entschuldungshandlungen unwirksam sind. Im Anschluß daran werden die Nichtigkeit der Kredite nach § 138 BGB wegen Leistungsmißverhältnisses sowie nach §§ 139, 138 BGB wegen unzulässiger Mitverpflichtung naher Angehöriger und sittenwidriger Kreditvermittlungsverträge zu erörtern sein.

Der zweite Teil ist dem möglichen Bereicherungs-, Nutzungs- und Schadensausgleich bei bereits abgewickelten Geschäften gewidmet. Um dem anwendungsbezogenen Charakter der Arbeit gerecht zu werden, soll sich auf die Erörterung von Rechtsfragen beschränkt werden, soweit sie in der Prozeßpraxis von Bedeutung sein können.

D. Die allgemeine Bedeutung der Untersuchung für das Gewerbe- und Verbraucherkreditrecht

Erfahrungsberichte von Kreditnehmern aus jüngster Zeit zeigen, daß Landwirte offenbar wohl keineswegs die einzigen Angehörigen eines selbständigen Berufsstandes sind, die Opfer fragwürdiger Kreditgeschäftspraktiken von Banken wurden. Die Schilderungen Kreditgeschädigter erwecken vielmehr den Eindruck, daß hiervon die gesamte Bandbreite der Gewerbetreibenden, Freiberufler und Unternehmer betroffen sind.[49] Ein Blick in die Wochenendausgaben überregionaler Zeitungen wie der „WELT“ und der „Frankfurter Allgemeinen Zeitung“ offenbart zudem, daß eine Vielzahl von Kreditvermittlern und Finanzmaklern der zuvor genannten Berufsgruppe unter der Rubrik „Kapitalmarkt“ Kreditumschuldungsvermittlungen, Schuldenregulierungen, Betriebs- und Unternehmenssanierungen in der Größenordnung von bis zu mehreren hundert Millionen DM bei finanziellen Notlagen anbietet. Daß hier, ähnlich wie bei den landwirtschaftlichen Kreditvermittlungen, durchaus auch einige unseriöse Geschäftemacher[50] am Werk sein

49 Vgl. nur Ogger, Das Kartell der Kassierer; ders., Nieten in Nadelstreifen; Lobner, Allein gegen die Banken; Möntmann, Bonzen, Banken und Behörden.

50 Vgl. im übrigen auch Niedersächsisches Tageblatt vom 24./25.02.1996 („Kreditbetrüger geben angeschlagenen Betrieben häufig den Rest“) und „Der Spiegel“, Ausg. 09/96, S. 98, 101 („Heimkehr des müden Löwen“).

könnten, liegt auf der Hand. Der hohe Stand an Insolvenzen in den vergangenen Jahren[51] dürfte jedenfalls scheinbaren „Rettern in letzter Minute“ Hochkonjunktur verschaffen. Die vorliegende Untersuchung wäre demzufolge unter Umständen für das Gewerbekreditrecht von allgemeiner Bedeutung zumal sich die rechtsgutachterlich aufbereiteten Ausführungen - zumindest teilweise - auch allgemein zur Beurteilung von Gewerbekreditverträgen heranziehen lassen. Eine Weiterentwicklung des Richterrechts in diesem Bereich erscheint deshalb möglich. Entsprechendes ließe sich auch für das Verbraucherkreditrecht sagen. Speziell dort soll noch ein wichtiger Punkt hervorgehoben werden. So wird im Rahmen dieser Abhandlung - wenn auch nur sehr kurz - anhand der Entstehungsgeschichte der Vorschriften des § 56 Abs. 1 Nr. 6 GewO, des Art. 1, § 1 RBerG und des § 138 BGB aufzuzeigen sein, daß besagte Normen, bzw. deren Vorläufer, ursprünglich auch und gerade zum Schutze von Landwirten verabschiedet wurden. § 56 Abs. 1 Nr. 6 GewO gewährt zudem, wenigstens im hier untersuchten Zeitraum, landwirtschaftlichen und anderen gewerblichen Großunternehmern bei Verstößen einen wesentlich besseren Schutz als privaten Endverbrauchern, zumal die solchermaßen im Reisegewerbe vermittelten Kreditverträge mangels Widerrufsrecht in der Praxis nichtig sind. Das könnte vielleicht in der Verbraucherkreditrechtswissenschaft eine erneute Diskussion zu der Frage auslösen, ob nicht auch Kreditverträge von privaten Endverbrauchern nach Inkrafttreten des HWiG bei einem Verstoß gegen § 56 Abs. 1 Nr. 6 GewO als nichtig betrachtet werden müssen, zumal private Endverbraucher regelmäßig sogar noch schutzbedürftiger sein werden als landwirtschaftliche und andere gewerbliche Großunternehmer. Eine Belebung der Kreditrechtswissenschaft durch die vorliegende Abhandlung ist jedenfalls erwünscht.

---

51 Schon 1995 waren 28.785 Insolvenzen zu verzeichnen. Die seit Jahren ansteigende „Pleitewelle“ erreichte damit eine neue Rekordhöhe; vgl. Niedersächsisches Tageblatt vom 13.03.1996; siehe auch ZIP 3/96, S. XII, Nr. 30 sowie Focus, Ausg. 15/95, S. 266 und 268. Dieser Trend setzte sich in den Jahren 1996 und 1997 mit jeweils über dreißigtausend Insolvenzen fort; vgl. Niedersächsisches Tageblatt vom 24.10.1996 und vom 03.12.1997. Der größte Anteil an Insolvenzen ist dabei im Unternehmensbereich zu verzeichnen; vgl. Niedersächsisches Tageblatt vom 03.12.1997 speziell zur tatsächlichen Höhe der Konkurse im Jahre 1997 sowie zur Schätzung für 1998.

Erster Teil: Die mögliche Nichtigkeit landwirtschaftlicher Hypothekendarlehensverträge des ehemaligen Braunschweigischen ritterschaftlichen Kreditinstituts/-vereins, Wolfenbüttel

A. Die Nichtigkeit der Kreditverträge gem. §§ 177 ff. BGB wegen fehlender aufsichtsbehördlicher Genehmigung

I. Die aufsichtsbehördlich genehmigten Kreditgeschäfte nach der Satzung vom 27.05.1940

1. Die Kreditvergabe gem. §§ 1 und 4 der Satzung

Den Anfang der Abhandlung bildet die Erforschung der Nichtigkeit von Kreditgeschäften nach §§ 177 ff. BGB wegen fehlender aufsichtsbehördlicher Genehmigung. Anhand der Satzungen des ritterschaftlichen Geldhauses aus den Jahren 1940 und 1968[52], die für die hier untersuchten Verträge aus den Jahren 1962 bis 1987 galten, soll deshalb zunächst der von der Aufsichtsbehörde genehmigte Umfang der Kreditbeleihungen in personeller und räumlicher Hinsicht aufgezeigt werden. Begonnen wird mit der Satzung von 1940. Die Kreditgewährung wurde hier in den §§ 1 und 4 der Satzung geregelt. Zuerst soll der Wortlaut der Vorschriften wiedergegeben werden, bevor durch Auslegung der Sinngehalt der Normen zu ermitteln sein wird.

§ 1 der Satzung:

„Der von den Mitgliedern der Braunschweigischen Ritterschaft errichtete Kreditverein hat den Zweck, durch Beleihung von Rittergütern und aufnahmefähigen Landgütern deren Eigentümern oder Besitzern Kredit zu gewähren oder zu verschaffen und die allmähliche Tilgung der Schulden zu sichern."

§ 4 der Satzung:

„I. Soweit die verfügbaren Mittel des Kreditvereins ausreichen, sind aufnahmeberechtigt: Alle im Lande Braunschweig gelegenen immatrikulierten Rittergüter jeder Art, desgleichen die den Eigentümern solcher Güter außerdem

52 Vgl. die Satzungen von 1940 und 1968, a.a.O. (Fußn. 2 und 3); siehe auch den auszugsweisen Abdruck der Satzungen im Anhang.

gehörenden und im Lande Braunschweig gelegenen Höfe, auch wenn einzelne Zubehörungen oder Bestandteile der vorbezeichneten Güter und Höfe außerhalb des Landes liegen.

II. Aufnahmefähig sind außerdem nach dem Ermessen der Kreditkommission Landgüter, deren Eintragswert (§ 8) von der Kreditkommission zu mindestens 150.000,- RM anerkannt wird."

2. Die Auslegung der Satzungsnormen

a) Wortlaut

Aus dem Wortlaut der Satzung wird ersichtlich, daß der ritterschaftliche Kreditverein die Kreditversorgung von Ritter- und Landgutsbesitzern zu gewährleisten hatte.

Nach § 4 Abs. 1 der Satzung waren die in der Braunschweiger Rittermatrikel eingetragenen Gutsbesitzer kreditaufnahmeberechtigt und zwar sowohl was die Beleihung ihrer Güter als auch die Beleihung der ihnen gehörenden Höfe anbetraf.

§ 4 Abs. 2 der Satzung nannte schließlich eine mögliche Aufnahmeberechtigung von Landgütern mit einem Eintragswert gem. § 8 der Satzung von wenigstens 150.000,- RM.

Bei dem Ausdruck „Eintragswert" dürfte es sich um einen Druckfehler gehandelt haben. § 8 der Satzung, auf den hinsichtlich des „Eintragswertes" Bezug genommen wurde, spricht von „Ertragswert".[53]

§ 4 Abs. 1 enthielt aber bei der Kreditvergabe an Rittergutsbesitzer ausdrücklich eine Beschränkung auf Güter und Höfe im ehemaligen Land Braunschweig. Unschädlich blieb es jedoch, wenn lediglich einzelne Zubehör- oder Bestandteile dieser Güter und Höfe außerhalb des Landes Braunschweig lagen.

§ 4 Abs. 2 läßt sich indes nicht entnehmen, daß das Ermessen der Kreditkommission Landgüter aufzunehmen, ausschließlich Landgüter im ehemaligen Land Braunschweig betraf. Dem Wortlaut nach wäre auch eine Aufnahme von Landgütern außerhalb des Landes Braunschweig möglich gewesen.

b) Grammatikalische Auslegung

Aus dem Zusammenhang der §§ 1 und 4 der Satzung ergibt sich eine räumlich auf das Land Braunschweig beschränkte Kreditgewährungsmöglichkeit, und zwar sowohl für immatrikulierte Rittergüter als auch für Landgüter mit einem Mindestertragswert von 150.000,- RM.

---

53 Vgl. § 8 Abs. 2 der Satzung von 1940, ebd. (Fußn. 2), S. 48; s. auch den auszugsweisen Abdruck der Satzung im Anhang.

§ 1 der Satzung nennt als Zweck des ritterschaftlichen Kreditvereins die Beleihung von Rittergütern und aufnahmefähigen Landgütern.

§ 4 Abs. 1 der Satzung legt dabei für Rittergüter sehr enge Voraussetzungen fest. Das jeweilige Gut muß in der Rittermatrikel geführt werden und notwendig im Land Braunschweig liegen. Die den Eigentümern dieser eingeschriebenen Güter zusätzlich gehörenden Höfe müssen sich ebenfalls im Land Braunschweig befinden. Wenn aber bereits in § 4 Abs. 1 der Satzung für Rittergutsbesitzer eine örtliche Beschränkung bei der Kreditvergabe festgelegt ist, muß diese auch für Landgutsbesitzer nach § 4 Abs. 2 der Satzung zutreffen. Daß eine derartige Beschränkung nicht für Landgutsbesitzer mit entsprechendem Ertragswert gelten sollte, wäre nicht nachvollziehbar. Dies, zumal die Satzung die Aufnahmefähigkeit von Landgutsbesitzern ausdrücklich in das Ermessen der Kreditkommission stellte, während Rittergutsbesitzer, bei Vorliegen der genannten Voraussetzungen, ein Recht auf Aufnahme besaßen.

c) Sinn und Zweck

Auch die Auslegung nach dem Sinn und Zweck der Regelungen führt zu keinem anderen Ergebnis.

Sinn und Zweck des ritterschaftlichen Kreditvereins war es, in erster Linie immatrikulierte Rittergüter im Land Braunschweig zu beleihen. Darüber hinaus konnte auch unter engen Voraussetzungen eine Kreditgewährung an Landgutsbesitzer erfolgen. Ein Kreditverein, der aber vorrangig das Ziel hatte, den Rittergutsbesitzern seines Landes Kredit zu geben, wird bei der Ermessensbeleihung von Landgütern ebenfalls nur die Landgutsbesitzer seines Landes ins Auge gefaßt haben.

d) Historische Auslegung

Der Entstehungsgeschichte des ritterschaftlichen Kreditvereins läßt sich entnehmen, daß bereits seit seiner Gründung im Jahre 1862 nicht nur ritterschaftliche, sondern auch landwirtschaftliche Großgrundbesitzer Aufnahme finden konnten.[54] Der Wirkungskreis des Vereins war seit jeher, was die Kreditvergabe anbetraf, personell und territorial begrenzt und zwar konkret auf Ritter- und Landgutsbesitzer im Land Braunschweig.[55] Entsprechende Regelungen existierten bereits in § 1 der Statuten vom 20. März 1862 und in § 4 der Statuten vom 2. November 1925.[56]

54 Reinicke, Landstände, S. 373; vgl. auch Geiecke, a.a.O., (Fußn. 1), S. 182/183.
55 Reinicke, ebd., S. 377.
56 Geiecke, a.a.O. (Fußn. 1), S. 240.

Demzufolge ergibt auch die historische Auslegung eine entsprechende Einschränkung bei der Kreditvergabe nach der Satzung von 1940.

3. Die Genehmigung der Kreditsatzung durch die Aufsichtsbehörde

Die Aufsicht über den Kreditverein übte gem. § 3 der Satzung neben der Braunschweigischen Ritterschaft auch der Braunschweigische Finanzminister aus. Letzterer genehmigte mit Erlaß Nr. F II $1644^{3}/40$ vom 27. Mai 1940 die Satzung.[57] Die Genehmigung erfaßte gem. § 10 der Satzung i.V.m. Anlage 1 auch die Muster-Schuldurkunde[58] des Vereins.

II. Die aufsichtsbehördlich genehmigten Kreditgeschäfte nach der Satzung vom 19.06.1968

1. Die Kreditvergabe gem. §§ 2, 4 und 5 der Satzung

Durch eine Satzungsänderung trat am 19. Juni 1968 eine neue Satzung in Kraft[59], welche die bis dahin geltende Satzung aus dem Jahre 1940 aufhob.[60] Die Gewährung von Krediten regelten die §§ 2, 4 und 5 der Satzung. Auch ihr Wortlaut soll zunächst wiedergegeben werden.

§ 2 der Satzung:

„(1) Das Geschäftsgebiet des Kreditinstituts umfaßt das ehemalige Land Braunschweig nach dem Stande vor dem Inkrafttreten der Verordnung über Gebietsbereinigungen im Raum Salzgitter vom 25.06.1941 (RGBl. I S. 357).

(2) Das Kreditinstitut ist berechtigt, außerhalb seines Geschäftsgebietes Grundstücke zu beleihen, sofern diese mit solchen innerhalb des Geschäftsgebietes im wirtschaftlichen Zusammenhang stehen, oder wenn eine Gesamtbeleihung erfolgen soll, oder soweit es sich um Grundstücke in angrenzenden Gebieten handelt; im letzteren Fall dürfen die Beleihungen nur mit Genehmigung der Aufsichtsbehörde erfolgen.“

---

57 Vgl. den Vorspann zu der Satzung von 1940, a.a.O. (Fußn. 2), S. 47; siehe auch den auszugsweisen Abdruck der Satzung im Anhang.

58 Ebd., S. 48 und 53/54.

59 Vgl. die Satzung von 1968, a.a.O. (Fußn. 3), S. 626 ff.; siehe auch den auszugsweisen Abdruck der Satzung im Anhang.

60 Vgl. § 21 Abs. 1 der Satzung von 1968, ebd., S. 628.

§ 4 der Satzung:

„(1) Das Kreditinstitut verfolgt in erster Linie den Zweck, landwirtschaftliche Realkredite zu gewähren. Es kann aber auch bebaute oder in Bebauung befindliche Wohngrundstücke oder Erbbaurechte beleihen. Solche Beleihungen sollen 10 v.H. der gesamten Ausleihungen nicht übersteigen.

(2) Das Kreditinstitut gibt seine Darlehen in erster Linie langfristig. Es soll möglichst auf eine allmähliche Schuldbefreiung durch gleichmäßige Tilgungs- oder Abzahlungsleistungen der Schuldner hinwirken.

(3) Die Geschäfte sind unter Beachtung allgemeiner wirtschaftlicher Gesichtspunkte nach kaufmännischen Grundsätzen zu führen. Die Erzielung von Gewinn ist nicht Hauptzweck des Geschäftsbetriebes."

§ 5 der Satzung:

„(1) Im einzelnen gewährt das Kreditinstitut lang-, mittel- und kurzfristige Darlehen an
   a) Eigentümer land-, forstwirtschaftlicher, gärtnerischer oder bebauter Grundstücke gegen Bestellung von Hypotheken oder gleichwertiger dinglicher Sicherheiten;
   b) landwirtschaftliche Pächter und Erbbauberechtigte gegen die gesetzlich vorgesehenen Sicherungen;
   c) Körperschaften, Anstalten und Stiftungen des öffentlichen Rechts sowie an Verbände und Genossenschaften, die durch ihren Grundbesitz Sicherheit gewähren oder deren Abgaben auf dem Grundbesitz ruhen oder wie öffentliche Lasten erhoben werden; eine dingliche Sicherstellung ist in diesen Fällen nicht erforderlich.

(2) Von dinglichen Sicherheiten kann ausnahmsweise auch abgesehen werden, wenn einer der nach Abs. 1 Buchst. c genannten Rechtsträger die Haftung für die Verbindlichkeiten des Schuldners des Kreditinstitutes übernimmt."

2. Die Auslegung der Satzungsnormen

a) Wortlaut

Der Wortlaut der Regelungen unterscheidet sich nicht unerheblich von dem der §§ 1 und 4 in der Satzung von 1940. Die Kreditvergabe erfolgte nunmehr unter bestimmten Voraussetzungen auch außerhalb des Landes Braunschweig. Kreditaufnahmeberechtigt waren generell Landwirte, Forstwirte und Gärtner, unabhängig davon, ob als Eigentümer, Pächter oder Erbbauberechtigter. Die Größe des

Grundbesitzes spielte keine Rolle. Des weiteren konnten Kredite an bestimmte juristische Personen des Privatrechts und des öffentlichen Rechts vergeben werden. Zudem eröffnete sich die Gewährung von Wohnungsbaudarlehen außerhalb der Landwirtschaft, wenn auch nur im geringen Umfang.

Der Wortlaut vor allem der §§ 2 und 5 der Satzung spricht im Ergebnis dafür, daß ab 1968 eine beachtliche Ausweitung der Kreditgeschäfte in personeller und räumlicher Hinsicht erfolgen konnte.

b) Grammatikalische Auslegung

Die grammatikalische Auslegung läßt aber bereits den Schluß zu, daß zumindest in räumlicher Hinsicht die Vergabe von Krediten zahlenmäßig sehr begrenzt sein sollte.

Das ergibt sich zum einen aus dem Zusammenhang der drei Alternativen des § 2 Abs. 2 der Satzung zueinander. Die erste Alternative erfaßte die Beleihung von Grundstücken außerhalb des Geschäftsgebietes, dem Land Braunschweig, die mit solchen innerhalb des Geschäftsgebietes in wirtschaftlichem Zusammenhang standen.

Die Vorschrift hatte danach vornehmlich landwirtschaftliche Betriebe im Auge, deren Flächen sich sowohl im ehemaligen Land Braunschweig als auch in den benachbarten Regionen befanden. Derartige Höfe existierten jedoch wohl nur in kleiner Anzahl, zumal bei dem Gros der Landwirtschaften die Ländereien in einer einzigen Feldmark liegen und damit notwendig nur in einem Landstrich.

Die dritte Alternative erfaßte die Beleihung von Grundstücken in angrenzenden Gebieten zum Land Braunschweig, welche von der ausdrücklichen Genehmigung der Aufsichtsbehörde abhingen.

Diese Kreditvergaben dürften aber ebenfalls nicht mit einer gravierenden Ausweitung möglicher Kreditgeschäfte einhergegangen sein, auch angesichts der Konkurrenz, der sich das ritterschaftliche Kredithaus zu Geldinstituten in den angrenzenden Räumen stellen mußte.

Die zweite Alternative schließlich, welche die Durchführung von Gesamtbeleihungen betraf, wird wegen ihrer systematischen Stellung zwischen der ersten und der dritten Alternative, auch nur einige wenige Kreditgeschäfte berührt haben.

Die Konzentration des Kreditgeschäfts auf das Land Braunschweig ergibt sich zum anderen auch aus dem Zusammenhang, in dem § 2 Abs. 2 zu § 4 Abs. 3 Satz 2 der Satzung stand. Nach § 4 Abs. 3 Satz 2 war die Erzielung von Gewinn nicht der Hauptzweck des ritterschaftlichen Kreditunternehmens. Da das Bankhaus also nicht nach dem Gewinnmaximierungsprinzip handeln durfte, wird die generell erteilte Genehmigung, Ausleihungen über das Geschäftsgebiet hinaus vornehmen zu können, nur einzelne Ausnahmegeschäfte erfaßt haben. Jedenfalls enthielt die Genehmigung keine Erlaubnis, die zu einer gezielten Zunahme der Geschäfte außerhalb des ehemaligen Landes Braunschweig führen sollte.

c) Sinn und Zweck

Nach dem Sinn und Zweck der Satzung oblag dem ritterschaftlichen Kreditinstitut vorrangig die Kreditversorgung der Landwirtschaft im Land Braunschweig, wie sich § 4 Abs. 1 und § 2 Abs. 1 entnehmen läßt. Die in § 5 angesprochene Kreditvergabe an Forstwirte, Gärtner, Verbände, Genossenschaften und öffentlich-rechtliche Institutionen dürfte demgegenüber nur von untergeordneter Bedeutung geblieben sein.

Da § 2 Abs. 1 der Satzung ausdrücklich nur das Land Braunschweig als Geschäftsgebiet nannte, beabsichtigte der Satzungsgeber offenbar auch keine sonderlich starke Ausdehnung der Geschäfte über dieses Gebiet hinaus. Dieses hätte nur dann angenommen werden können, wenn als Geschäftsgebiet z.B. das Land Niedersachsen oder das gesamte Bundesgebiet angegeben wäre.

Die Tatsache aber, daß überdies nur ein ganz bestimmtes Land Braunschweig das ritterschaftliche (Kredit-)Geschäftsgebiet sein sollte, und zwar das ehemalige Land Braunschweig, das sich in der Größe vor dem Inkrafttreten der Verordnung über Gebietsbereinigungen im Raum Salzgitter vom 25.06.1941 befand, spricht dafür, daß die Geschäfte überwiegend in diesem Gebiet vorzunehmen waren.

Die Vergabe von Krediten außerhalb des Geschäftsgebietes gem. § 2 Abs. 2 knüpfte sich zudem an äußerst enge Voraussetzungen, womit zum Ausdruck gebracht wurde, daß man nicht beabsichtigte, jeden beliebigen Kreditinteressenten als Kunden aufzunehmen, sondern nur einige wenige Ausnahmefälle.

Sinn der ersten Alternative des § 2 Abs. 2 schien es unter Umständen zu sein, eine wirtschaftlich zusammenhängende Beleihung der Grundstücke von Landwirten zu ermöglichen, bei denen der Großteil der Grundstücke im Land Braunschweig, aber vielleicht ein oder zwei Grundstücke außerhalb des Landes lagen. Gerade im landwirtschaftlichen Realkreditgeschäft ist es allgemein üblich, nicht einzelne landwirtschaftliche Grundstücke, sondern nur landwirtschaftliche Betriebe in ihrer Gesamtheit zu beleihen. Diese Praxis erwähnte noch ausdrücklich § 5 Abs. 2 Satz 1 der Satzung von 1940. Dort hieß es: „Ein Gut soll in der Regel nur als Ganzes aufgenommen werden“.[61]

---

61 Vgl. die Satzung von 1940, a.a.O. (Fußn. 2), S. 48. Ausnahmsweise konnten einzelne Gutsteile beliehen werden, die einen Ertragswert von 150.000,- RM besaßen. Gerade zu größeren Gütern zählen häufig mehrere Teilbesitzungen, sogenannte Vorwerke, die, wirtschaftlich betrachtet, einen eigenständigen Hof bilden. Diese Fälle sollten mit der Ausnahmeregelung anscheinend erfaßt werden. Siehe im übrigen auch den auszugsweisen Abdruck der Satzung im Anhang.

Eine entsprechende Regelung findet sich zwar in der Satzung von 1968 nicht direkt wieder. In § 4 Abs. 3 Satz 1 der Satzung heißt es aber: „Die Geschäfte sind unter Beachtung allgemeiner wirtschaftlicher Gesichtspunkte nach kaufmännischen Grundsätzen zu führen."[62] Die Teilbeleihung eines Hofes wäre aber für die Bank häufig wirtschaftlich unsinnvoll, weil ein Hof regelmäßig nur als Ganzes ausreichende Sicherheit bietet, auch im Hinblick auf mögliche Verwertungsmöglichkeiten im Zwangsversteigerungsfall. Dem wollte die erste Alternative des § 2 Abs. 2 offenbar Rechnung tragen und überdies unbillige Kredithemmnisse vermeiden. Anderenfalls hätte das Kreditinstitut aus rein formalrechtlichen Gründen von einer Beleihung der Höfe Abstand nehmen müssen, deren Liegenschaften nicht ausschließlich in das ehemalige Land Braunschweig fielen. Entscheidend hing eine Kreditvergabe insofern davon ab, ob der jeweilige Hof wirtschaftlich gesehen zum Land Braunschweig gehörte. Im Ergebnis bestand damit der Sinn der Norm darin, die Kreditgewährung an Braunschweiger Landwirte nicht an einem übertriebenen Formalismus scheitern zu lassen.

Demgegenüber lag der Zweck bei den Kreditzusagen in angrenzenden Gebieten nach der dritten Alternative des § 2 Abs. 2 wohl eher in einem Entgegenkommen an historische Gegebenheiten. Wirtschafts- und Geschäftsbeziehungen beschränken sich auch im Agrarbereich nicht unbedingt durch politisch festgelegte Grenzen. Daran wird auch die Kreditanstalt der Ritterschaft teil gehabt haben.

Derartige Darlehensgeschäfte mußten aber ausdrücklich von der Aufsichtsbehörde[63] genehmigt werden. Der Finanzminister verfolgte damit offensichtlich den Zweck, eine Kreditvergabe größeren Umfangs außerhalb des Landes Braunschweig zu unterbinden. Zumindest aber spricht die Genehmigungspflicht doch sehr dafür, daß das Ministerium auf eine Kontrolle über die Geldgeschäfte außerhalb des Landes zielte, vermutlich auch, um dafür zu sorgen, daß der Begriff des „angrenzenden Gebietes" vom ritterschaftlichen Kreditinstitut nicht zu weit ausgelegt und die Kreditaktivitäten nicht zu stark in andere Regionen ausgedehnt werden konnten.

Im Gegensatz zur dritten Alternative des § 2 Abs. 2, sah die zweite Alternative der Vorschrift bei Gesamtbeleihungen außerhalb des Geschäftsgebietes kein zusätzliches Genehmigungserfordernis durch die Aufsichtsbehörde vor. Das deutet aber sehr darauf hin, daß es sich bei diesen Gesamtbeleihungen um Kreditgeschäfte handeln sollte, denen eine Geschäftsbeziehung zugrunde lag, ver-

62 Siehe oben, S. 43.

63 Aufsichtsbehörde war nach der Satzung von 1968 der Niedersächsische Finanzminister. Hierzu im einzelnen sogleich noch näher. Siehe im übrigen auch den auszugsweisen Abdruck der Satzung im Anhang.

gleichbar mit der Beleihung nach der ersten Alternative des § 2 Abs. 2, also mit der Beleihung von Immobilien inner- und außerhalb des Landes Braunschweig, die eine wirtschaftliche Einheit miteinander bildeten. Der Kreditinteressent mußte demnach eine wesentlich engere Verbindung zum Bankhaus vorweisen als ausschließlich in angrenzenden Gebieten zum Land Braunschweig ansässige Kunden. Ein solches wirtschaftliches und vor allem finanzielles Verhältnis bestand aber - was anzunehmen sein dürfte - nur mit Landwirten, die bereits Kunden des ritterschaftlichen Kredithauses sein mußten. Zu denken wäre hier an Braunschweiger Landwirte, die ihren Hof im Land Braunschweig veräußerten und einen neuen Hof außerhalb des Landes erwarben. Jenen Landwirten kam die Regelung in der zweiten Alternative zugute, die es ihnen ermöglichte, ihre bisherigen Kreditbeziehungen zum ritterschaftlichen Geldinstitut beizubehalten. Aufgrund der bereits vorhandenen Geschäftsbeziehungen eines solchen Landwirts zur ritterschaftlichen Bank hätte auch eine Neubeleihung außerhalb des Landes leichter abgewickelt werden können im Vergleich zur Beleihung durch eine fremde Bank, zu der noch keine Verbindungen existierten.

Eine andere Auslegung der Norm verbietet sich. Insbesondere durfte nach dieser Vorschrift nicht jeder Landwirt außerhalb des Landes Braunschweig als Kreditnehmer aufgenommen werden, sofern er nur eine Gesamtbeleihung anstrebte. Das hätte ansonsten eine so weite Ausdehnung der Finanzierungen über das Land hinaus ermöglichen können, mit der Folge, daß das eigentliche Geschäftsgebiet nicht mehr das Land Braunschweig, sondern gegebenenfalls das gesamte Bundesgebiet gewesen wäre. Gegen eine solche Ausdehnung spricht auch, daß die Kreditaufsicht jede einzelne, auch noch so kleine Beleihung eines Kreditnehmers aus einem angrenzenden Ort zum Land Braunschweig ausdrücklich zusätzlich genehmigen mußte. Demzufolge würde es geradezu absurd erscheinen, wenn Landwirte, die keine Beziehung zum Braunschweiger Land inne hatten, also z.B. ihren Hof in Süddeutschland bewirtschafteten, ohne zusätzliche Genehmigung einen Millionen-Kredit angeboten erhielten, nur weil eine Gesamtbeleihung vorlag.

Gerade weil die zweite Alternative im Gegensatz zur dritten Alternative keine zusätzliche Genehmigungspflicht kannte, wird man sie so restriktiv auszulegen haben, wie die erste Alternative. Die teleologische Auslegung läßt deshalb nur den Schluß zu, daß das ritterschaftliche Kreditinstitut vorrangig der landwirtschaftlichen Kreditversorgung im Land Braunschweig diente. Nur in eng begrenzten Fällen blieb nach der Satzung ausnahmsweise die Beleihung außerhalb des Landes möglich.

d) Historische Auslegung

Auch die Auslegung unter Berücksichtigung der Entstehungsgeschichte des ritterschaftlichen Kreditvereins[64] führt nicht zu einer anderen als der vorerwähnten Sichtweise.

3. Die Genehmigung der Kreditsatzung durch die Aufsichtsbehörde

Nach § 18 Abs. 1 der Satzung[65] übte der Niedersächsische Finanzminister die Staatsaufsicht aus. Dieser genehmigte die Satzung mit Erlaß vom 19.06.1968 unter dem Aktenzeichen 20 50 01 - 72 01.[66]

Bezog die Genehmigung der Satzung von 1940 noch eine dort als Anlage beigefügte Muster-Schuldurkunde mit ein[67], so beinhaltete die vorerwähnte Ministerialverfügung von 1968 nicht zugleich auch die Genehmigung einer neuen Schuldurkunde.

Im Ergebnis läßt sich feststellen, daß der Kreditverein der Braunschweigischen Ritterschaft seine zunächst bestehende personelle Begrenzung auf Ritter- und Landgutsbesitzer durch die Satzung vom 19.06.1968 ausdehnte auf Landwirte, Forstwirte, Gärtner sowie bestimmte juristische Personen des privaten und öffentlichen Rechts, der Schwerpunkt seiner Kreditaktivitäten aber im landwirtschaftlichen (Real)-Kreditbereich lag. Die gebietsmäßige Begrenzung auf das ehemalige Land Braunschweig galt im Grundsatz fort. Nur in einigen wenigen Ausnahmefällen war, unter engen Voraussetzungen, eine Kreditvergabe außerhalb des Landes möglich.

III. Anhaltspunkte für Kreditgeschäfte ohne aufsichtsbehördliche Genehmigung

1. Gewinnerzielung durch Kreditvergabe im gesamten Bundesgebiet

a) Der massive Abschluß von Verträgen außerhalb des Geschäftsgebietes

In den 25 Jahren, von 1962 bis 1987, existierte zwischen dem ritterschaftlichen Bankhaus in Wolfenbüttel sowie Finanzmaklern eine Zusammenarbeit, die darauf ausgerichtet war Kunden aus dem gesamten Bundesgebiet für den Abschluß von

64 Siehe bereits oben, S. 41/42.

65 Vgl. die Satzung von 1968, a.a.O. (Fußn. 3), S. 628; siehe auch den auszugsweisen Abdruck der Satzung im Anhang.

66 Vgl. die Satzung von 1968, ebd., S. 626; siehe auch den auszugsweisen Abdruck der Satzung im Anhang.

67 Siehe oben, S. 42.

Kreditverträgen zu gewinnen. Die Bilanzsumme des Geldinstituts stieg so von 14,6 Millionen DM im Jahr 1961 auf 484 Millionen DM im Jahr 1985. Die Zahl der Kreditnehmer wuchs auf 3.000.[68]

Auch wenn allgemein von ritterschaftlichen Kreditvereinen regelmäßig hohe Ausleihungen vorgenommen werden[69], wird man ein derart starkes Wachstum einer Bank mit einem eigentlich personell und gebietsmäßig eng begrenztem Wirkungskreis als unnatürlich hoch bezeichnen müssen. Dies gilt insbesondere auch im Vergleich zu einer ehemals ähnlich kleinen und örtlich beschränkt tätigen niedersächsischen Bank im Regierungsbezirk Braunschweig, mit einem Schwerpunkt ebenfalls im landwirtschaftlichen Realkreditgeschäft, und zwar der Volksbank Wittingen-Brome eG, deren Bilanzsumme von 3,4 Millionen DM im Jahr 1960 auf 36 Millionen DM im Jahr 1985 zunahm.[70] Die hohe Bilanzsumme des ritterschaftlichen Kreditinstituts und insbesondere ihre Kreditvermittlungsaktivitäten im gesamten Bundesgebiet deuten darauf hin, daß hier eventuell eine systematische Ausdehnung des Geschäftsgebietes über die Grenzen des ehemaligen Landes Braunschweig erfolgte. Ein derart konzentriertes Engagement dürfte jedenfalls weit über den zulässigen Rahmen einzelner Geschäfte außerhalb des Landes Braunschweig hinausgehen. Es bestehen daher hierin bereits erhebliche Indizien, daß zahlreiche Kredite ohne aufsichtsbehördliche Genehmigung außerhalb des Geschäftsgebietes vergeben wurden, weil eine planmäßige Ausweitung des Kreditgeschäfts auf das gesamte Bundesgebiet Änderungen der Satzungen von 1940 und 1968 vorausgesetzt hätte, die nach § 20 Abs. 2 der Satzung von 1968 und nach § 44 der Satzung von 1940 jeweils unter aufsichtsbehördlichem Genehmigungsvorbehalt standen.[71] Solche Satzungsänderungen gab es aber nicht. Auch konnte die Aufsichtsbehörde nur in „besonderen Fällen" nach § 18 Abs. 3 c) der Satzung von 1968[72] von einzelnen Vorschriften der Satzung be-

---

68 Magazin „stern", Ausg. 14/87, S. 270, 271.

69 Reinicke, a.a.O. (Fußn. 54), S. 378.

70 Jahresbericht Volksbank, S. 17.

71 Zum genauen Inhalt der aufsichtsbehördlichen Genehmigungsvorbehalte für Satzungsänderungen, vgl. § 44 der Satzung von 1940, a.a.O. (Fußn. 2), S. 53 und § 20 Abs. 2 der Satzung von 1968, a.a.O. (Fußn. 3), S. 628. Siehe auch den auszugsweisen Abdruck der Satzungen im Anhang. Im einzelnen hierzu auch später noch ausführlicher.

72 Vgl. die Satzung von 1968, a.a.O. (Fußn. 3), S. 628. Siehe im übrigen auch den Bericht im Magazin „stern", Ausg. 14/87, S. 270, 271, nach welchem das Niedersächsische Finanzministerium Personalmangel für seine unzureichende Aufsicht über das ritterschaftliche Kreditinstitut verantwortlich machte. Der zuständige Bankaufsichtsleiter im Ministerium wird mit den Worten zitiert: „Ich habe nur einen Mitarbeiter, und der ist mit der NORD/LB genügend beschäftigt." Somit erscheint es fraglich, ob auch die Ausnahmeregelung des § 18 Abs. 3 c) überhaupt jemals zur Anwendung kam.

freien. Diese auf wenige Ausnahmen bei der Kreditvergabe zugeschnittene Regelung vermochte indessen nicht eine massive Verlagerung des Kreditgeschäftes auf das gesamte Bundesgebiet zu rechtfertigen.

Es bestehen insofern erhebliche Anhaltspunkte, daß die Ritterschaft zahlreiche Kredite ohne aufsichtsbehördliche Genehmigung außerhalb des Geschäftsgebietes vergab.

b) Die Gewinnerzielung als tatsächlicher Hauptzweck

Die gezielte Steigerung der Zahl von Finanzierungen über das ehemalige Land Braunschweig hinaus, insbesondere durch die Einschaltung von Maklern, könnte überdies darauf hindeuten, daß die Gewinnerzielung den ritterschaftlichen Geschäftspraktiken als eigentlicher Hauptzweck innewohnte. Die enormen Umsatzzuwächse aus dem Zeitraum von Anfang der sechziger bis Mitte der achtziger Jahre[73] werden gerade im Bereich der Geldhäuser auf eine starke Progression von Gewinnen schließen lassen.

§ 4 Abs. 3 Satz 2 der Satzung von 1968[74] sah aber in der Gewinnerzielung nicht den Hauptzweck des Bankbetriebes. Eine vergleichbare Vorschrift fehlt in der Satzung von 1940. Doch aus der Tatsache, daß sich der Braunschweigische ritterschaftliche Kreditverein nach dem Vorbild anderer ritterschaftlicher Kreditinstitute gründete[75], deren Aufgabe darin lag, billige Gelder vornehmlich für Rittergutsbesitzer zu besorgen[76], läßt sich entnehmen, daß die Gewinnerzielung auch beim Wolfenbütteler Bankhaus nicht im Vordergrund stehen sollte. Dies, zumal die Vergabe zinsgünstiger Mittel in aller Regel nur die mit der Kreditbeleihung verbundenen Unkosten deckt. Damit besteht aber auch hier der Verdacht auf die vielfache Vergabe ungenehmigter Kredite.

2. Weitere denkbare Satzungsverstöße bei der Kreditvergabe

a) Das Fehlen der Kreditwürdigkeitsprüfung

Für das Fehlen aufsichtsbehördlicher Genehmigungen sind auch insoweit Hinweise vorhanden, als der Kreditverein bzw. das Kreditinstitut möglicherweise weitere Vorschriften ihrer Satzungen nicht beachteten. So kommt eine Verletzung bankkaufmännischer Grundsätze in Betracht. Diese Grundsätze verankerte

---

73 Siehe oben, S. 48/49.
74 Vgl. die Satzung von 1968, a.a.O. (Fußn. 3), S. 626.
75 Geiecke, a.a.O. (Fußn. 1), S. 103 ff.
76 Reinicke/Stodolkowitz, S. 32.

§ 4 Abs. 3 Satz 1 der Satzung von 1968[77] und - zumindest indirekt - schon § 1 der Satzung von 1940.[78] Danach hatte das ritterschaftliche Kreditinstitut als ordentlicher Kaufmann die Kreditwürdigkeit und die Rückzahlbarkeit von Krediten ihrer Kunden nach einem sorgfältigen Maßstab zu beurteilen.

Einem Interview des alleingeschäftsführenden Bankvorstandes im Magazin „stern“[79] nach zu urteilen, kannte man derartige Prüfungen im Hause der Ritterschaft nicht. So wird besagtes Vorstandsmitglied mit den Worten zitiert: „Es war allen Beteiligten klar, daß ein Bauer den Kredit keine 20 Jahre durchhält. Wir geben ihm eine Chance zur Selbstentschuldung durch Grundverkäufe“. Das Nichteinhalten der Kreditwürdigkeitsprüfung[80] war aber an Satzungsänderungen geknüpft, die auch hier nicht ergingen.

b) Die Verwendung anderer Schuldurkunden als die der Muster-Schuldurkunde

Dem ritterschaftlichen Kreditverein genehmigte die Aufsichtsbehörde überdies, wie bereits dargelegt[81], mit der Satzung von 1940 nur die Verwendung einer ganz bestimmten Muster-Schuldurkunde. Die Genehmigung zum Gebrauch anderer Schuldurkunden wurde nicht erteilt, auch nicht in der Satzung von 1968.

Regelmäßig verlangten aber der ritterschaftliche Kreditverein bzw. das ritterschaftliche Kreditinstitut von ihren Kreditnehmern die Unterzeichnung gänzlich anderer Schuldurkunden, als die der Muster-Schuldurkunde von 1940.[82] So enthielt beispielsweise eine Urkunde aus dem Jahre 1967, im Gegensatz zur Muster-Schuldurkunde, Verwaltungskosten zuzüglich zu den Zins- und Tilgungsleistungen. Des weiteren wies sie im Verzugsfall nicht lediglich einen Strafzins i.H.v. 0,5% des Darlehenskapitals aus, sondern einen Zinszuschlag i.H.v. 3% über den vereinbarten Zins, sofern der Darlehensnehmer eine fällige Leistung nicht innerhalb von 14 Tagen nach Fälligkeit vollständig bewirkte. Eine Begrenzung des Darlehenszinssatzes auf insgesamt 6 1/2% des Darlehens, wie in der Muster-Urkunde, gab es nicht.

---

77 Vgl. die Satzung von 1968, a.a.O. (Fußn. 3), S. 626; siehe auch den auszugsweisen Abdruck der Satzung im Anhang.

78 Vgl. die Satzung von 1940, a.a.O. (Fußn. 2), S. 47; siehe auch den auszugsweisen Abdruck der Satzung im Anhang.

79 Magazin „stern“, Ausg. 14/87, S. 270, 271.

80 Zur möglichen Verletzung bankkaufmännischer Sorgfaltspflichten nach § 347 HGB wird im einzelnen bei der Prüfung einer möglichen Nichtigkeit der ritterschaftlichen Darlehensverträge gem. § 138 BGB noch näher einzugehen sein.

81 Siehe oben, S. 42.

82 Siehe den auszugsweisen Abdruck der Geschäftsbedingungen und der Anlage 1 der Satzung von 1940 im Anhang.

Eine Schuldurkunde aus dem Jahre 1976 berechnete für den Verzugsfall sogar einen Zinszuschlag i.H.v. 4% des Darlehens, sobald der Darlehensnehmer eine fällige Zins-, Tilgungs- oder Kapitalbeschaffungskostenleistung nicht innerhalb von 14 Tagen nach Fälligkeit vollständig bewirkte.[83]

Demnach existieren auch bei der Verwendung von Schuldurkunden in der ritterschaftlichen Kreditpraxis erhebliche Anzeichen für die Vornahme von Kreditgeschäften ohne die entsprechende aufsichtsbehördliche Genehmigung, zumal auch in dieser Hinsicht keine Satzungsänderung erfolgte.

c) Die Unterzeichnung des Darlehenszusageschreibens nur durch einen Vertreter des ritterschaftlichen Bankhauses

Weitere Anhaltspunkte für eventuell ungenehmigte Kreditgeschäfte finden sich in der Art und Weise der Erteilung von Kreditzusagen. Darlehenszusageschreiben des Braunschweiger ritterschaftlichen Kreditinstituts unterschrieb lediglich deren alleingeschäftsführendes Bankvorstandsmitglied[84], während § 13 der Satzung von 1968[85] vorsah, daß das Kreditinstitut nur durch zwei Vorstandsmitglieder gemeinsam verbindlich auftreten konnte, soweit es sich nicht um ein Geschäft der laufenden Verwaltung handelte. Ähnliche Regelungen enthielten auch schon die §§ 3 und 36 ff. der Satzung von 1940.[86] Dort oblag die Kreditvergabe allerdings nicht einem Bankvorstand, sondern einer dreiköpfigen Kreditkommission, die rechtsverbindlich in der Form „Braunschweigische ritterschaftliche Kreditkommission" mit der Unterschrift zweier Mitglieder zeichnete. Die Kommission besaß zudem die Ermächtigung, die Durchführung bestimmter Geschäfte auf eines ihrer Mitglieder zu übertragen.

83 Siehe bereits oben, S. 32 sowie den auszugsweisen Abdruck der Geschäftsbedingungen im Anhang.

84 Siehe den auszugsweisen Abdruck der Geschäftsbedingungen im Anhang.

85 Vgl. die Satzung von 1968, a.a.O. (Fußn. 3), S. 627; siehe auch den auszugsweisen Abdruck der Satzung im Anhang.

86 Vgl. die Satzung von 1940, a.a.O. (Fußn. 2), S. 47 und 51/52; siehe auch den auszugsweisen Abdruck der Satzung im Anhang.

IV. Die Rechtsfolgen der Kreditgeschäfte ohne aufsichtsbehördliche Genehmigung

1. Die Anwendbarkeit der §§ 177 ff. BGB auf öffentlich-rechtliche Kreditsatzungen mit aufsichtsbehördlichen Genehmigungsvorbehalten

a) Die Auffassung der h.M. in der Rechtsprechung

Nach h.M. in der Rechtsprechung greifen die §§ 177 ff. BGB ein, wenn sich eine öffentlich-rechtliche Körperschaft, wie etwa eine Kommune, bei der Abgabe rechtsgeschäftlicher Erklärungen nicht an die für sie in den Vorschriften der Gemeindeordnung als verbindlich festgelegten Form hält. Das gilt bereits für die Nichteinhaltung bestimmter Förmlichkeiten[87] wie der Schriftform, der Art der Unterzeichnung (handschriftlich), der Angabe der Dienst- oder Amtsbezeichnung und der Beifügung des Dienst- oder Amtssiegels, betrifft ferner die Nichtbeteiligung eines Gesamtvertreters[88], ebenso wie das Fehlen aufsichtsbehördlicher Genehmigungen.[89] Dieser Anwendungsbereich ist weiter auf entsprechende Formvorschriften in Satzungen öffentlich-rechtlicher Geldinstitute[90] und in Satzungen der für die öffentliche Wirtschaft bedeutsamen Forstgenossenschaften auszudehnen.[91]

---

87 BGHZ 92, 164, 174; BGH NJW 1984, 606; NJW 1980, 117, 118; NJW 1966, 2402; NJW 1960, 1805, 1806; BAG NVwZ 1988, 1165, 1167; OLG Frankfurt NJW-RR 1989, 1425; Rpfleger 1975, 177; offen gelassen von OLG Hamm NJW-RR 1992, 1402, für die nach § 14 S. 2 Kirchenvermögensgesetz vorgeschriebene Form. Vgl. auch OLG Köln NJW-RR 1994, 211, für die nach § 14 S. 2 VermVerwG zu beachtende Form.

88 BGH NJW 1994, 1528; BAG NVwZ 1988, 1165, 1167; BGH Z 92, 164, 174; BGH NJW 1984, 606/607; NJW 1980, 117, 118; BAG AP Nr. 7 zu § 125 BGB; BGH NJW 1967, 726/727; NJW 1966, 2402, 2403; NJW 1960, 1805, 1806/1807; BGH Z 6, 330, 332/333; RGZ 83, 396, 398; 82, 7/8; OLG Frankfurt NJW-RR 1989, 1425, 1426; Rpfleger 1975, 177; OLG Nürnberg OLGZ 1969, 137, 138.

89 BGH NJW 1980, 115, 116; WM 1960, 1210, 1211; LM Nr. 2 zu § 242 (Cd) BGB; RGZ 157, 207, 212/213; RG in ZAkDR 1938, 97/98; RGZ 68, 407, 410; 67, 269/270.

90 BGH WM 1960, 1210, 1211/1212; BGH Z 5, 205, 213; RGZ 146, 42, 45/46; 116, 247, 254; 115, 311, 315/316.

91 BGH LM Nr. 1 zu § 36 DGO.

b) Die Auffassung der Mindermeinung in der Rechtsprechung

Die Mindermeinung in der Rechtsprechung[92] sieht dagegen in diesen landesrechtlichen Regelungen gewöhnliche Formvorschriften i.S.v. § 125 BGB. Überwiegend wird diese Auffassung aber dahingehend eingeschränkt, daß das nur für solche Normen gelte, die das Nichtvorhandensein reiner Förmlichkeiten beinhalten.[93]

Dem läßt sich jedoch insgesamt gegenüber einwenden, daß der Landesgesetzgeber gem. Art. 55 EGBGB privatrechtliche Bestimmungen lediglich nach den Vorgaben des BGB und seines Einführungsgesetzes verabschieden kann. Was Formvorschriften anbelangt, die zivilrechtliche Willenserklärungen von juristischen Personen des öffentlichen Rechts zum Gegenstand haben, so ist die Gesetzgebungsbefugnis des Landes aber begrenzt auf den Erlaß von Zuständigkeitsnormen, welche die Vertretungsmacht der Körperschaftsorgane festlegen, weil dieses in den Bereich des öffentlichen Rechts fällt.[94]

Aus diesem Grund ist mit der Ansicht der h. M. in der Rechtsprechung davon auszugehen, daß die §§ 177ff. BGB bei einer Verletzung öffentlich-rechtlicher Formvorschriften zum Tragen kommen. Das gilt dabei insbesondere auch, wenn die von den Satzungen öffentlich-rechtlicher Kredithäuser vorgeschriebene Einholung aufsichtsbehördlicher Genehmigungen unterblieb.

2. Die rechtliche Einordnung der Satzungen landschaftlicher und ritterschaftlicher Kreditinstitute als öffentlich-rechtliche Satzungen in der Rechtsprechung des Reichsgerichts

Das Reichsgericht[95] wertete die Satzungen landschaftlicher und ritterschaftlicher Kreditinstitute in ständiger Rechtsprechung als objektive jedermann bindende Rechtsnormen.[96] Das Satzungsrecht der Kreditanstalten zählte seiner Ansicht nach nicht zu dem Bereich des am 01.01.1900 reichsgesetzlich geregelten bürger-

---

92 BGH NJW 1958, 806; NJW 1956, 1355, 1356; RGZ 73, 205, 209/210; OLG Hamm NJW-RR 1988, 467.

93 So von BGH NJW 1958, 806; NJW 1956, 1355, 1356; RGZ 73, 205, 209/210, während das OLG Hamm NJW-RR 1988, 467 konkret in § 21 Abs. 2 des VermVerwG vom 24.07.1924, welcher die Wirksamkeit der Verträge katholischer Kirchengemeinden von der Einholung kirchenaufsichtsbehördlicher Genehmigungen abhängig macht, eine Formvorschrift i.S.v. § 125 BGB sieht.

94 BGH NJW 1984, 606; NJW 1980, 117; BAG AP Nr. 7 zu § 125 BGB; BGH NJW 1967, 726; NJW 1960, 1805, 1807; RGZ 146, 42, 49; 115, 311, 314; OLG Frankfurt NJW-RR 1989, 1425, 1426; Rpfleger 1975, 177.

95 RGZ 104, 68;74, 401; 64, 211; 55, 247; 27, 218.

96 RGZ 64, 211, 214.

lichen Rechts. Es fiel als ein Teil der Verwaltungsgesetzgebung vielmehr in den Zuständigkeitsbereich der Länder.[97] Die Kreditsatzungen landschaftlicher und ritterschaftlicher Bankeinrichtungen sind infolgedessen nach der Rechtsprechung des Reichsgerichts als öffentlich-rechtliche Satzungen einzustufen. Keine der Entscheidungen des Reichsgerichts betraf jedoch speziell die Satzungen des Braunschweigischen ritterschaftlichen Kreditinstituts/-vereins, Wolfenbüttel.

3. Die rechtliche Einordnung der Satzungen des Braunschweigischen ritterschaftlichen Kreditinstituts/-vereins als privatrechtliche Vereinsbestimmungen

Die Satzungen des Braunschweigischen ritterschaftlichen Kreditinstituts/-vereins beschloß die Ritterschaft des ehemaligen Landes Braunschweig (Ritterschaft) jeweils auf ihren Rittertagen. Der rechtliche Charakter dieser Ritterschaft - und damit letztlich auch der Charakter der von ihr verabschiedeten Satzungen - ist umstritten. Während die Literatur[98] die Ritterschaft einhellig als öffentlich-rechtliche Körperschaft ansieht, hält die instanzengerichtliche Rechtsprechung[99] die Ritterschaft für einen zivilrechtlichen Verein. Zur Klärung dieser Frage sollen deshalb zunächst rechtshistorische Betrachtungen angestellt werden.

Die Ritterschaft gründete im Jahre 1862 den Braunschweigischen ritterschaftlichen Kreditverein. Bei der Gründung trat sie aber noch nicht als landständische Korporation (Körperschaft), sondern als die Gesamtheit der Rittergutsbesitzer auf. Mit der Verleihung der Korporationsrechte im Jahre 1891 änderte sich dieses. Die Ritterschaft bestand nunmehr als eigenes unabhängiges Rechtssubjekt gegenüber dem Kreditverein, was sich aus den §§ 74, 75 der Kreditsatzung vom 19.02.1891 ergibt.[100]

Jene Ritterschaft sah das OLG Braunschweig in seiner Entscheidung vom 02.05.1911[101] als einen Verein bürgerlichen Rechts an, erwähnte jedoch zudem das Bestehen einer weiteren „gesetzlichen" Ritterschaft nach § 3 der Erneuerten Landschaftsordnung von 1820 als öffentlich-rechtliche Körperschaft.[102] Im In-

---

97 RGZ 55, 248, 258; vgl. auch Huber, S. 235/236.

98 Geiecke, a.a.O. (Fußn. 1), S. 48ff.; Reinicke, a.a.O. (Fußn. 54), S. 395; Neumann, Art. 56 Rz. 5 a.E.; Korte/Rebe, Verfassung und Verwaltung, S. 516/517.

99 OVG Lüneburg vom 10.12.1992, Az. 3L 60/90; LG Braunschweig vom 23.02.1990, Az. 1A 1121/89; LVG Braunschweig vom 10.12.1953, Az. P.R. I 101/52.

100 Geiecke, a.a.O. (Fußn. 1), S. 53, 182 und 188; vgl. zudem die Präambel der Satzung von 1968, a.a.O. (Fußn. 3). Siehe auch den auszugsweisen Abdruck der ritterschaftlichen Geschäftsbedingungen im Anhang.

101 OLG Braunschweig, Zeitschrift für Rechtspflege für das Herzogtum Braunschweig, Band 58 (1911), S. 122ff., zit. nach LVG Braunschweig, a.a.O. (Fußn. 99), S. 8 und Geiecke, a.a.O. (Fußn. 1), S. 53.

102 Geiecke, ebd.

teresse der Erhaltung des ritterschaftlichen Kreditvereins stellte dann das braunschweigische Gesetz vom 14.02.1913[103] die vom OLG Braunschweig angezweifelte Einheit zwischen der Ritterschaft im Sinne der Kreditstatuten und der kraft Gesetzes wieder her.

Über den Rechtsstatus der Ritterschaft selbst sagte das Gesetz von 1913 nichts aus.[104] Es besaß lediglich eine Klarstellungsfunktion. So sollte nämlich nur verdeutlicht werden, daß als Rittergüter im Sinne der Satzung des ritterschaftlichen Kreditvereins nur solche Rittergüter im Herzogtum Braunschweig in Betracht kommen, welche in der von der Ritterschaft geführten Rittermatrikel aufgelistet sind.[105]

Nach Auffassung von Geiecke [106] bewirkte dieses Gesetz noch weiterreichender die Identität zwischen der „gesetzlichen" und dem „Verein" Ritterschaft und damit die indirekte Anerkennung der Ritterschaft als öffentlich-rechtliche Körperschaft. Dabei verkennt er, daß das bis 1919 Gültigkeit besitzende braunschweigische Landesrecht die Einrichtung einer Körperschaft als öffentlich-rechtliche ausdrücklich durch Landesgesetz anordnete und in einem derartigen Gesetz zudem festhielt, daß eine „öffentlich-rechtliche Corporation mit Rechtspersönlichkeit" vorliegt.[107]

Im Hinblick auf die Ritterschaft ist aber seinerzeit ein solches Landesgesetz nicht ergangen. Auch wurde später weder nach § 1 Abs. II Satz 1 des Niedersächsischen Gesetzes zur vorläufigen Ordnung der Niedersächsischen Staatsgewalt vom 11.02.1947[108] noch nach Art. 32 der Vorläufigen Verfassung vom 13.04.1951[109] ein entsprechendes Gesetz verabschiedet. Aus rechtshistorischer Sicht ist die Ritterschaft demzufolge bereits - mangels staatlichem Hoheitsakt - als zivilrechtlicher Verein und nicht als öffentlich-rechtliche Körperschaft anzusehen.

Weitere Anhaltspunkte, die für eine Einordnung als öffentlich-rechtliche Körperschaft sprechen könnten, wie die Wahrnehmung staatlicher Aufgaben mit hoheitlichen Mitteln[110] oder die organisatorische Eingliederung in einen Behördenapparat[111] sind ebenfalls nicht ersichtlich.[112] Im Ergebnis wird man daher die

103 Braunschweigische Gesetz- und Verordnungssammlung Nr. 14, S. 33, zit. nach LVG Braunschweig, a. a. O. (Fußn. 99), S.9.

104 OVG Lüneburg, a.a.O. (Fußn. 99), S. 14.

105 LVG Braunschweig, a.a.O. (Fußn. 99), S. 9.

106 Geiecke, a.a.O. (Fußn. 1), S. 54.

107 LVG Braunschweig, a.a.O. (Fußn. 99), S. 8; OVG Lüneburg, a.a.O. (Fußn. 99), S. 15.

108 Vgl. LVG Braunschweig, a.a.O. (Fußn. 99), S. 10.

109 Ebd.

110 Ebd. S. 7; vgl. auch OVG Lüneburg, a.a.O. (Fußn. 99), S. 10.

111 LVG Braunschweig, a.a.O. (Fußn. 99), S. 7.

Ritterschaft als einen privatrechtlichen Verein und die von ihr verabschiedeten Satzungen lediglich als Vertragsnormen anzusehen haben. Die Anwendbarkeit der §§ 177ff. BGB wegen fehlender aufsichtsbehördlicher Genehmigungen für Kreditgeschäfte scheitert also schon daran, daß hier keine öffentlich-rechtlichen Kreditsatzungen vorliegen.

B. Die Nichtigkeit der Kreditverträge gem. § 134 BGB i.V.m. § 56 Abs. 1 Nr. 6 GewO wegen Verstoßes gegen das Reisegewerbekreditvermittlungsverbot

I. Die Voraussetzungen der §§ 55 Abs. 1, 56 Abs. 1 Nr. 6 GewO

1. Reisegewerbe

a) Gewerbsmäßigkeit

Im nachfolgenden sollen ritterschaftliche Hypothekendarlehensverträge im Hinblick auf mögliche Verstöße gegen das Reisegewerbekreditvermittlungsverbot des § 56 Abs. 1 Nr. 6 GewO untersucht werden. Begonnen wird deshalb mit der Erörterung der materiellen Voraussetzungen der §§ 55 Abs. 1 und 56 Abs. 1 Nr. 6 GewO.

Zunächst und vor allem geht es um die Klärung des Begriffs Reisegewerbe. Dessen Legaldefinition findet sich in § 55 Abs. 1 GewO. Sie lautet: „Ein Reisegewerbe betreibt, wer gewerbsmäßig ohne vorhergehende Bestellung außerhalb seiner gewerblichen Niederlassung (§ 42 Abs. 2) oder ohne eine solche zu haben

1. selbständig oder unselbständig in eigener Person Waren feilbietet oder Bestellungen aufsucht (vertreibt) oder ankauft, Leistungen anbietet oder Bestellungen auf Leistungen aufsucht oder
2. selbständig unterhaltende Tätigkeit als Schausteller oder nach Schaustellerart ausübt.

Hier sollen aber nur die Begriffsmerkmale und ihre Einzelheiten interessieren, die für die ritterschaftliche Kreditpraxis von Bedeutung sein können. Da ist zuerst das Merkmal der Gewerbsmäßigkeit. Hierunter wird eine berufsmäßige Tätigkeit verstanden, die entweder dauerhaft oder zumindest mit Wiederholungsabsicht ausgeübt wird und bei der eine Absicht zur Erzielung von Gewinn besteht und zwar nicht nur um gelegentliche oder einmalige Einnahmen zu erreichen.[113] Ausgenommen sind freiberufliche und künstlerische Tätigkeiten.[114]

---

112 Ebd.

113 BGH NJW 1987, 184; NJW 1983, 868, 869; WM 1982, 1429, 1430; GewArch. 1980, 163; OVG NW GewArch 1987, 235; Stober NJW 1984, 2857, 2859.

114 Friauf-Stober, § 55 Rdz. 4.

Die Absicht Gewinn zu erzielen, kann sich darin äußern, daß die Arbeit auf Provisionsbasis oder im Angestelltenverhältnis geschieht.[115] Eine Gewinnerzielungsabsicht ist hingegen zu verneinen bei wohltätigen, sozialen und gemeinnützigen Zwecken. Gewerbsmäßig handelt nach überwiegender Ansicht[116] auch nicht der Ehemann, der den Kreditvertrag von seiner Ehefrau zu Hause mitunterzeichnen läßt. Die gegenteilige Auffassung des OLG Stuttgart[117] bejaht die Anwendbarkeit des § 56 GewO mit dem Hinweis, daß der Ehemann hier als Beauftragter bzw. Verhandlungsgehilfe der Bank auftritt. Unabhängig davon aber, ob man dem Ehemann eine derartige Eigenschaft zumessen kann, wird dieser kaum planmäßig oder zumindest wiederholend in berufsmäßiger Gewinnerzielungsabsicht vorgehen.[118] Auf einen möglicherweise stärker vorhandenen psychologischen Druck des Ehemannes im Vergleich zu einem Finanzmakler und eine damit einhergehende größere Überrumpelungsgefahr - worauf das OLG Stuttgart[119] vor allem auch abstellt - kommt es insoweit nicht an, weil schon die Grundlage für ein Eingreifen des § 56 GewO nicht vorliegt.[120]

Die ausgeübte Tätigkeit muß schließlich erlaubt und darf nicht sitten- oder sozialwidrig sein.[121]

b) In eigener Person

In eigener Person heißt nicht unbedingt für eigene Rechnung. Der Reisegewerbetreibende kann als Selbständiger im eigenen Namen, aber auch als Unselbständiger im Namen eines anderen handeln.[122] Es genügt dabei ein Mitarbeitervertrag und der Hinweis des Firmenvertreters auf den Kreditvermittler und dessen Finanzierungsgeschäfte. Eine enge Zusammenarbeit zwischen demjenigen der gegen § 56 Abs. 1 Nr. 6 GewO verstößt und dem Kreditvermittler selbst ist aber nicht notwendig.[123] Es reicht aus, wenn jemand, sei es auch nur kurzfristig, als Stell-

---

115 BGH St 29, 187, 191; OLG Düsseldorf NStZ 1983, 177.

116 OLG Zweibrücken NJW-RR 1986, 46; LG Ulm WM 1984, 27, 28; LG Traunstein WM 1984, 1119, 1120; Reifner VuR 1989, 63, 66; Knütel NJW 1983, 1839.

117 OLG Stuttgart NJW 1983, 891/892.

118 OLG Zweibrücken, a.a.O. (Fußn. 116); LG Traunstein, a.a.O. (Fußn. 116); Knütel, a.a.O. (Fußn. 116); vgl. auch LG Ulm, a.a.O. (Fußn. 116), S. 28, das allerdings entscheidend auf die fehlende Verhandlungsgehilfen-Eigenschaft des Ehemannes abstellt.

119 OLG Stuttgart, a.a.O. (Fußn. 117).

120 Knütel, a.a.O. (Fußn. 116); vgl. auch LG Traunstein, a.a.O. (Fußn. 116).

121 BVerwG DVBl. 1980, 1048, 1050.

122 Friauf-Stober, § 55 Rdz. 33.

123 BGH NJW 1980, 1514, 1515.

vertreter oder Hilfsperson bei einem Finanzmakler beschäftigt ist[124] oder wenn der Auftraggeber wiederholt einen nicht gewerblich Handelnden für sich agieren läßt.[125] Das gilt ebenso, sofern der an einem eigenen Gewinn Interessierte in Haustürsituationen jemanden verleitet[126], vor allem, wenn der Dritte dadurch selbst einen Vorteil hat.[127] Nicht erforderlich ist, daß unbedingt eine natürliche Person handelt. Auch eine juristische Person[128] oder eine Handelsgesellschaft[129] kann durch natürliche Personen im Reisegewerbe vertreten werden. Die Organe, Bevollmächtigten, Angestellten und Beauftragten des Unternehmens müssen dann allerdings jeweils im Besitz der Reisegewerbekarte sein. Verboten ist es, die Karte jemanden zwecks Vornahme der Kreditvermittlung zu überlassen.[130] Nicht entscheidend ist jedoch, ob die kreditgewährende Bank Kenntnis von der Form der Kreditvermittlung - also im Reisegewerbe - hat.[131]

c) Außerhalb gewerblicher Niederlassung

Die gewerbsmäßige Tätigkeit muß weiterhin außerhalb der gewerblichen Niederlassung des Reisegewerbetreibenden ausgeübt werden.

Der Begriff der gewerblichen Niederlassung ist in § 42 Abs. 2 GewO näher bestimmt. Danach ist „eine gewerbliche Niederlassung ... nur vorhanden, wenn der Gewerbetreibende im Geltungsbereich dieses Gesetzes einen zum dauernden Gebrauch eingerichteten, ständig oder in regelmäßiger Wiederkehr von ihm benutzten Raum für den Betrieb seines Gewerbes besitzt".

Außerhalb der gewerblichen Niederlassung wird die Arbeit auch dann vorgenommen, wenn ein Finanzmakler gemeinsam mit seinem Kunden ein Geldinstitut aufsucht und dort seinen Beitrag zur Kreditvermittlung leistet, nicht hingegen bei einer umgekehrten Konstellation, wenn also ein Bankvertreter zusammen mit dem Makler im Büro des letzteren an der Unterzeichnung eines Kreditantragsformulars mitwirkt.[132]

Anders wiederum, wenn die Dienste des Vermittlers sowohl außerhalb als auch innerhalb seiner gewerblichen Niederlassung erbracht werden.[133]

---

124 Schönleiter, in: Landmann/Rohmer, § 55 Rdz. 13 a.
125 Oehm, S. 46, Fußn. 177.
126 BGH NJW 1983, 868, 869.
127 BGH GewArch. 1980, 163.
128 OLG Düsseldorf NJW 1951, 730.
129 Schönleiter, in: Landmann/Rohmer, § 55 Rdz. 13 b.
130 Ebd., Rdz. 13 b und c.
131 BGH NJW 1985, 730, 731; NJW 1979, 2092.
132 BGH WM 1982, 1429, 1431.
133 So BGH WM 1978, 875, 876; vgl. auch noch BGH WM 1992, 8, 9; NJW 1980, 1514, 1515; NJW 1979, 2092 und LG Itzehoe, Az. 6 O 18/94, S. 18.

d) Ohne vorhergehende Bestellung

aa) Bestellung

(1) Hinreichend konkrete Bezeichnung des Verhandlungsgegenstandes

„Ohne vorhergehende Bestellung" ist das wichtigste und in der Praxis häufig auch problematische Tatbestandsmerkmal.[134] Zunächst soll daher näher bestimmt werden, was unter einer „Bestellung" zu verstehen ist. Sodann werden die Anforderungen an eine „vorhergehende Bestellung" untersucht.

---

134 Das zeigt allein schon die Vielzahl vornehmlich zu § 1 Abs. 2 Nr. 1 HWiG ergangener instanzengerichtlicher Entscheidungen; vgl. nur LG Rostock WM 1994, 2089; OLG Frankfurt WM 1994, 1730; OLG Zweibrücken WM 1994, 1688; OLG Düsseldorf WM 1991, 1998; OLG Köln WM 1990, 1799; OLG Frankfurt WM 1989, 1184; OLG Stuttgart NJW-RR 1989, 1148; OLG Frankfurt NJW-RR 1989, 494; OLG Stuttgart NJW 1988, 1986; OLG Köln NJW 1988, 1985; LG Mainz WM 1988, 1313; LG Aachen BB 1988, 1143; LG Zweibrücken BB 1988, 1074; OLG Bamberg BB 1988, 1073; OLG Karlsruhe BB 1988, 1072; LG Hamburg NJW-RR 1988, 824; AG Hamburg NJW-RR 1988, 824; LG Zweibrücken NJW-RR 1988, 823; LG Tübingen NJW-RR 1988, 821; AG Köln NJW 1987, 2880; LG Aachen NJW 1987, 1831; LG Frankenthal EWiR 1987, 1119; LG Münster NJW 1987, 2879; LG Paderborn NJW 1987, 2878; LG Aschaffenburg BB 1987, 1068; LG Baden-Baden BB 1987, 1066; LG Münster NJW-RR 1986, 45; OLG Hamburg BB 1979, 1787; LG Kiel, Az. 12 O 41/85; LG Lübeck, Az. 8 O 357/73; OLG Hamm, Az. 4 U 79/73; LG Bochum, Az. 2 HO 187/72. Das Tatbestandsmerkmal „ohne vorhergehende Bestellung" hatte der Gesetzgeber bei der Einführung des HWiG wort- und sinngleich aus § 55 GewO entnommen (vgl. BGH NJW 1989, 584, 585). In der amtlichen Begründung zum HWiG wird zudem ausdrücklich darauf hingewiesen, daß die bisherige Rechtsprechung und Literatur zu § 55 GewO bei der Interpretation des Begriffs „ohne vorhergehende Bestellung" im Rahmen des § 1 Abs. 2 Nr. 1 HWiG zu berücksichtigen ist (vgl. BT-Drs. 10/2876, S. 12 unter Pkt. 2.). Umgekehrt ist auch die Rechtsprechung und Literatur zum HWiG bei der Auslegung des § 55 GewO mitheranzuziehen (vgl. BGH, ebd.). Wegen der unterschiedlichen Beweislastregeln bei § 55 GewO und § 1 Abs. 2 Nr. 1 HwiG könnte indes eine gewisse Zurückhaltung bei der Übertragbarkeit der Rechtsprechungsgrundsätze anzuraten sein (vgl. Fischer/Machunsky, § 1 HWiG Rdz. 203 für den Fall der Übernahme der zu § 55 GewO ergangenen Rechtsgrundsätze auf das HWiG). Wenn der BGH zudem in seiner Entscheidung vom 25.10.1989 (vgl. BGH NJW 1990, 181 ff., insbesondere S. 182) davon spricht, daß „eine ähnlich restriktive Auslegung des Begriffs der vorhergehenden Bestellung ... auch im Rahmen des § 1 Abs. 2 Nr. 1 HWiG geboten (ist)", so könnte dieses darauf hindeuten, daß der Begriff „ohne vorhergehende Bestellung" im Rahmen des HWiG mitunter auch etwas anders auszulegen ist als in der Gewerbeordnung. Bis zu einer endgültigen Klärung dieser Frage durch die höchstrichterliche Rechtsprechung erscheint es jedoch für die hier interessierende Prozeßpraxis auch aus Gründen der Rechtsklarheit und Rechtsvereinfachung angebracht, die zu § 1 Abs. 2 Nr. 1 HWiG verabschiedeten Urteile bei § 55 GewO zu berücksichtigen.

Für eine wirksame Bestellung ist erforderlich, „daß der Kunde im Rahmen der ... Bestellung die anzubietenden Waren oder Leistungen nach Art und Qualität und den Zeitpunkt der gewünschten mündlichen Verhandlungen wenigstens annähernd bezeichnen muß".[135] Das heißt, die Bestellung hat in Bezug auf den zu erörternden Vertragsgegenstand sowie den gewünschten Ort und der Zeit des Besuches in etwa bestimmt oder zumindest bestimmbar zu sein.[136] Das Gespräch muß sich also ausschließlich auf das vom Kunden gewollte Geschäft beziehen.[137] Es genügt demnach beispielsweise nicht die Terminvereinbarung für eine Baufinanzierung, wenn es dann tatsächlich zum Abschluß eines Planungsauftrages und eines Vorvertrages zu einem Werkvertrag mit einem Bauträger kommt.[138] Nicht ausreichend sind auch über einen Wintergarten beabsichtigte Verhandlungen, sofern anschließend ein Vertrag über die Lieferung eines Unterstellplatzes geschlossen wurde.[139] Es dürfen also nicht völlig andere als die angestrebten „mündlichen Verhandlungen" stattfinden. Der Gewerbetreibende darf dem Kunden kein Angebot vorlegen, womit letzterer nicht rechnen mußte.[140] Der Besuch des Gewerbetreibenden im Hause des Kunden hat demnach stets eine logische Folge seiner Bestellung zu sein.[141] Wird dem Kunden beim Hausbesuch aber ein Angebot gemacht, welches von dem konkret festgelegten Rahmen der Bestellung abweicht und droht der solchermaßen unvorbereitete Kunde überrumpelt zu werden, so liegt demzufolge keine ordnungsgemäße Bestellung vor.[142]

(2) Keine unverbindliche Informationsbitte

Bei der Bestellung sind infolgedessen die ungefähren Einzelheiten des gewünschten Vertrages zu bezeichnen[143], speziell bei anvisierten Kreditvermittlungen somit die Höhe des Kredites, der Zinsen, der Maklerprovision und der zu zahlenden

---

135 BGH NJW 1990, 1732; vgl. auch BGH WM 1990, 136, 137, wo von einer „hinreichend konkreten Bezeichnung" die Rede ist.

136 Gilles NJW 1986, 1131, 1142; Müko-Ulmer § 1 HWiG Rdz. 43; Goller GewArch. 1986, 76; Löwe BB 1986, 821, 827; Teske ZIP 1986, 624, 633.

137 LG Aschaffenburg BB 1987, 1068.

138 OLG Stuttgart NJW-RR 1989, 1148, 1149.

139 LG Hamburg NJW-RR 1988, 824, 825.

140 BGH WM 1990, 136, 137; vgl. auch Gilles, a.a.O. (Fußn. 136), S. 1142.

141 BGH WM 1989, 4, 7.

142 BGH WM 1990, 136, 137; WM 1992, 8,9 .

143 Vgl. AG Köln NJW 1987, 2880, welches sogar eine genaue Bezeichnung der Einzelheiten verlangt. Diese Meinung dürfte jedoch nicht mit der höchstrichterlichen Rechtsprechung in Einklang stehen, die lediglich allgemein eine „annähernde" bzw. „hinreichend konkrete" Bezeichnung des Verhandlungsgegenstandes fordert (siehe oben auf dieser Seite und insbesondere dort auch Fußn. 135).

Raten.[144] Weil diese Unklarheiten in der Praxis jedoch regelmäßig erst bei dem anschließenden Hausbesuch zur Diskussion anstehen[145], gilt die Aufforderung an den Makler als unverbindliche Informationsbitte, zumindest dann, wenn der Kunde den Gewerbetreibenden zwar aufgefordert hat, ein Angebot abzugeben, zwischen beiden Parteien aber bisher keine Geschäftsbeziehung bestand, dem Kunden das Angebot von der Art und Qualität her unbekannt ist, es dabei aus objektiver Sicht um ein größeres Geschäft mit erheblichen finanziellen Belastungen für den Kunden geht oder der Kunde zuvor noch kein Vergleichsangebot angefordert hat.[146]

Dabei ist das Geschäft für den Kunden schon dann finanziell belastend, wenn er z.B. wegen seines geringen Einkommens eine Courtage i.H.v. 6.000-7.000,-DM ohne Fremdmittel nicht begleichen kann.[147] Eine unverbindliche Informationsbitte liegt auch in der konkreten Bestellung eines Bauhandwerkers zur Anfertigung eines Kostenvoranschlags für die Vornahme größerer Instandsetzungsarbeiten, weil der Kunde erst einmal wissen muß, welche Kosten und welcher Arbeitsumfang anfallen, um festzustellen, ob er Vertragsverhandlungen zu führen beabsichtigt.[148] Lediglich für kleinere und unter Umständen sofort erledigte Handwerkerreparaturen wird man eine Ausnahme zulassen können.[149]

Nicht ausreichend für eine Bestellung sind weiter die Bitte um Zusendung von Werbematerial[150] und die Anforderung allgemein gehaltener Informationen.[151] Hierunter fällt ferner das Einverständnis mit einem Hausbesuch, um sich unverbindlich über bestehende Kreditvermittlungsmöglichkeiten beraten zu las-

---

144 Vgl. LG Lübeck, Az. 8 O 357/73, S. 7, das allerdings eine ganz konkrete Bezeichnung dieser Krediteinzelheiten fordert. Auch hier wird man aber in BGH-konformer Auslegung nur eine ungefähre Bezeichnung verlangen dürfen; offengelassen von BGH WM 1989, 4, 7; OLG Hamburg BB 1979, 1787; LG Kiel, Az. 12 O 41/85, S. 7.

145 LG Lübeck, a.a.O. (Fußn. 144), S. 7/8.

146 BGH NJW 1990, 1732, 1733; siehe auch OLG Stuttgart NJW 1988, 1986, 1987. Vgl. im übrigen OLG Düsseldorf WM 1991, 1998, 2000 und LG Frankenthal EWiR 1987, 1119.

147 OLG Düsseldorf, ebd. (Fußn. 146).

148 Vgl. BGH NJW 1990, 1732, 1733.

149 Ebd.

150 Hopt, NJW 1985, 1665, 1669. Zur Wettbewerbswidrigkeit unerbetener Briefsendungen und zu den Voraussetzungen, unter denen eine wettbewerbswidrige Werbung keine wirksame vorhergehende Bestellung auslösen kann, im einzelnen noch später.

151 BGH WM 1994, 2206, 2207; NJW 1990, 1732, 1733; NJW 1990, 181, 183; ZIP 1989, 972, 973; OLG Zweibrücken WM 1994, 1688, 1690; OLG Köln WM 1990, 1799/1800; NJW 1988, 1985, 1986; OLG Bamberg BB 1988, 1073; LG Tübingen NJW-RR 1988, 821, 822; LG Zweibrücken NJW-RR 1988, 823.

sen.[152] Unverbindlichen Charakter hat im übrigen die Ankündigung eines Besuches als „Kundenberater“.[153] Ebenso die Absicht, den Kunden aufzusuchen, wenn dieser Interesse an einem ihm bislang noch nicht bekannten „konkreten Angebot“ hat[154] sowie die Erlaubnis, den Verkaufsgegenstand vorstellen zu dürfen[155] und schließlich noch das Verhalten des Reisenden, der nur zur Begleichung einer Rechnung ins Haus gerufen wurde.[156]

(3) Keine ungewollte Kontaktaufnahme

Eine wirksame Bestellung ist aber nicht schon deshalb zu verneinen, weil die Initiative zum Hausbesuch allein vom Werbenden ausgeht und der Kunde nur dessen Besuchswunsch zustimmt. So ist es nicht zu beanstanden, wenn ein Anbieter Kreditinteressenten durch schriftliche Angebote dazu bewegen will, um seinen Hausbesuch zu bitten.[157] Das trifft insbesondere in den Fällen zu, in denen der Kunde in seiner Antwort auf einer Werbeantwortkarte zum Ausdruck bringt, daß er auf einen Anruf wartet, um Vertragsverhandlungen zu führen, oder sein Gegenüber bei einer vorhergehenden Zusammenkunft bereits ein späteres Telefonat in Aussicht stellt.[158] Ein solcher Wille läßt sich aber bei einer Postwurfsache nicht der Rücksendung eines ausgefüllten Kreditantrages entnehmen, weil der Kunde nur entweder mit einer Kreditzusage oder -ablehnung rechnet, nicht jedoch mit einer weiteren Besprechung, bei der man ihm gar einen neuen Antrag vorlegt. Hier würde ein Anruf beim Kunden mit einer Überrumpelung einhergehen[159], es sei denn, der Kunde nahm die Dienste eines Maklers wegen eines Aufstockungsdarlehens bereits in Anspruch und der Kreditvermittler spricht nach der Absage durch das erste Geldhaus eine weitere Bank an, dessen Sachbearbeiter in einem Telefonat den Kunden zum Hausbesuch bewegt. Hier durfte der Gewerbetreibende aufgrund der Umstände von einem noch bestehenden Kreditwunsch sowie einem damit verbundenen und im Interesse des Kunden liegenden Anrufs ausgehen. Daran könnte auch die Vermittlung eines Umschuldungskredits, der teurer ist als der abgelöste Altkredit nichts hindern. Anders verhält es sich wie-

---

152 BGH WM 1987, 613, 615.

153 LG Paderborn NJW 1987, 2878, 2879.

154 OLG Frankfurt WM 1989, 1184, 1185.

155 BGH NJW 1990, 1732, 1733; NJW 1990, 181, 183; OLG Zweibrücken WM 1994, 1688, 1690; OLG Frankfurt WM 1989, 1184, 1185; OLG Karlsruhe BB 1988, 1072, 1073.

156 Vogel, in: Landmann/Rohmer, Gewerbeordnung, § 55 Rdz. 24, unter Bezugnahme auf KG Berlin GewArch 14, 268.

157 BGH ZIP 1989, 972, 973.

158 BGH NJW 1990, 181, 183.

159 LG Münster NJW-RR 1986, 45.

derum bei dem Kreditvermittler, der einen Kreditnehmer anruft, zu dem er noch keine Geschäftsbeziehungen unterhält. Will der Interessent einen derartigen Anruf nicht, vereinbart der Gewerbetreibende aber gleichwohl einen Hausbesuch, so kommt dieses einer Überrumpelung wie bei einem persönlichen unangemeldeten Aufsuchen an der Haustür gleich.[160] Läßt sich der Verbraucher dort auf Vertragsverhandlungen ein, wird die Bestellung provoziert[161] und beinhaltet die Gefahr eines übereilten und ungenügend bedachten Vertragsschlusses.[162]

(4) Abgabe der Bestellung durch den Kunden selbst

Grundsätzlich muß der Kunde selbst die Bestellung aufgeben und kann dies nicht einem Dritten überlassen, der Interesse am Vertragsabschluß hat.[163] Vereinzelt wird eine Vornahme der Bestellung durch die Ehefrau, Familienangehörige, Betriebsangestellte und Beauftragte für zulässig erachtet.[164] Dieser Ansicht gegenüber bestehen aber nach Auffassung des BGH[165] insofern Zweifel, ob das Verhalten von Familienangehörigen immer untereinander zugerechnet werden kann. In seiner Entscheidung vom 22. Januar 1991[166] heißt es, daß eine Bestellung vom späteren Verhandlungs- und Vertragspartner selbst oder seinem Stellvertreter, nicht von einem am Abschluß interessierten Dritten ausgehen muß.[167] Eine Stellvertretung durch einen Familienangehörigen liegt aber dann nicht vor, wenn dieser mit dem Vertrag nichts zu tun haben und auch keine Vertragsverhandlungen führen will.[168]

---

160 BGH WM 1994, 2206; NJW 1990, 1048, 1049; NJW 1990, 181, 183/184; ZIP 1989, 972, 973; WM 1989, 4, 6/7.

161 BGH WM 1982, 1429, 1430; WM 1989, 4, 7; Hopt, a.a.O. (Fußn. 150), S. 1670.

162 BGH WM 1982, 1429, 1430. Zur Wettbewerbswidrigkeit unangekündigter Vertreterbesuche noch später näher.

163 BGH WM 1991, 313; WM 1987, 613, 615; WM 1982, 1429, 1430; Teske ZIP 1985, 649, 654.

164 Hopt, a.a.O. (Fußn. 150), S. 1665.

165 BGH ZIP 1991, 359, 360.

166 BGH ZIP 1991, 224, 225.

167 Vgl. auch BGH WM 1987, 613, 615.

168 BGH ZIP 1991, 224, 225. Interessant ist in diesem Zusammenhang noch die BGH-Entscheidung NJW 1994, 1649 ff. Nach Ansicht des BGH unterzeichnet ein Ehemann nicht zugleich auch automatisch einen Vertrag stellvertretend für seine Ehefrau. Der zugrunde liegende Fall betraf jedoch die Unterzeichnung eines Landpachtvertrages und nicht eine mögliche Stellvertretung im Rahmen von § 55 Abs. 1 GewO; vgl. BGH, ebd., S. 1651.

(5) Eindeutigkeit der Bestellung

Die Bestellung selbst muß eindeutig sein.[169] Fraglich ist, ob sie unbedingt ausdrücklich oder auch durch schlüssiges Verhalten bzw. Schweigen geschehen kann.[170] Daß sich Schweigen und der Wille zum Besuch des Gewerbetreibenden nicht unbedingt ausschließen, wie Hopt im Gegensatz zu Fröhler-Korman[171] meint, mag im Einzelfall zutreffen. Grundsätzlich aber wird reines Schweigen des Verbrauchers bei Erscheinen des gewerbsmäßig Handelnden nicht als Bestellung gewertet werden können.[172]

Selbst eine schlüssige Bestellung erfordert noch eine bereits bestehende Geschäftsbeziehung.[173] Um wieviel intensiver müßte aber dann bereits eine Geschäftsbeziehung sein, wenn bloßes Schweigen für eine Bestellung genügen soll.[174]

(6) Keine wettbewerbswidrige Geschäftsanbahnung

Bahnt der Gewerbetreibende seine Geschäftsbeziehung zum Kunden in wettbewerbsrechtlich unzulässiger Weise an, so löst dieses im allgemeinen keine wirksame vorhergehende Bestellung aus.[175] Maßgebend kommt es aber auch hier auf das Provozieren, Aufdrängen oder Erschleichen der Bestellung an.[176] Nachfolgend sollen deshalb wettbewerbswidrige Kontaktaufnahmen über unaufgeforderte Telefonate, Vertreterbesuche und Briefwerbung näher untersucht werden. Ebenso unerlaubte Zeitungsannoncen sowie wettbewerbsrechtlich zu beanstandende Rechtsberatungs- und Rechtsbesorgungstätigkeiten, insbesondere von Kreditvermittlern.

---

169 Hopt, a.a.O. (Fußn. 150), S. 1669.

170 Für schlüssiges Verhalten und Schweigen Hopt, ebd., S. 1669; gegen Schweigen Fröhler-Korman, § 55, Rdnr. 6 a. E., zit. nach Hopt, ebd., S. 1669, Fußn. 53.

171 Siehe vorgehende Fußnote.

172 Odenkirchen/Schaal GewArch. 1980, 73, 74.

173 Knauth WM 1986, 509, 515.

174 Vgl. auch Hopt, a.a.O. (Fußn. 150), S. 1669, der selbst zur Vorsicht mahnt, was die Gleichstellung von schlüssigem Verhalten und Schweigen im Vergleich zu ausdrücklichen Bestellungen anbetrifft.

175 BGH NJW 1990, 181, 183.

176 BGH, ebd.; Gilles, a.a.O. (Fußn. 136), S. 1142. A.A. wohl Löwe, a.a.O. (Fußn. 136), S. 827, der offenbar im Verstoß gegen das Wettbewerbsrecht das entscheidende Kriterium sieht.

(a) Unerbetene Telefonanrufe

Grundsätzlich sind Telefonanrufe, die sich an private Endverbraucher richten, auch wenn sie lediglich zur Vorbereitung von Vertreterbesuchen dienen[177], ohne ein entsprechendes Einverständnis nicht mit dem Wettbewerbsrecht in Einklang zu bringen.[178] Das gilt ebenfalls nicht bei vorheriger schriftlicher Mitteilung des Anrufes[179], der Inhaber des Anschlusses lediglich zuvor unverbindliche Materialien zu Informationszwecken angefordert hatte[180] oder gar schon Geschäftsverbindungen zum Verbraucher bestehen.[181] Anrufe bei Gewerbetreibenden, zu denen bereits geschäftliche Kontakte existieren, sind unter Umständen anders zu beurteilen[182], nicht aber in den Fällen, in denen die ausgeübte Tätigkeit des Betroffenen nicht tangiert wird[183], bei ihm daher weder ein sachliches Interesse noch ein konkreter Anlaß für den Anruf besteht oder zumindest für möglich gehalten werden kann.[184] Das wird etwa auf unerwünschte Gespräche mit Kapitalanlageberatern zutreffen.[185]

---

177 BGH DB 1994, 672; BB 1994, 537; BB 1989, 1777.

178 BGH BB 1995, 1211/1212; NJW-RR 1990, 359, 360; BB 1989, 1777, 1778; NJW 1970, 1738, 1739; OLG Stuttgart NJW-RR 1994, 1534.

179 OLG Stuttgart, ebd.

180 Ebd.; BGH NJW-RR 1990, 359; KG Berlin WRP 1995, 107, 109 ff.; WM 1988, 1144, 1146.

181 BGH BB 1995, 1211, 1212; NJW-RR 1990, 359, 360; BB 1989, 1777, 1778. Von einem Einverständnis durch schlüssiges Verhalten ist aber auszugehen, wenn der Kunde seine Telefonnummer dem Werbenden anläßlich bereits existierender Vertragsbeziehungen übermittelt, um diese fortzusetzen und er wegen einer entsprechenden Verlängerung angerufen wird. Erfolgt die telefonische Kontaktaufnahme in einem solchen Fall dagegen, um das Geschäft zu ergänzen oder zu erweitern, kann ein konkludentes Einverständnis nicht mehr unterstellt werden; vgl. BGH BB 1995, 1211, 1212; BB 1989, 1777, 1778. Auch erteilt ein Kunde, der in einem Formularvertrag zur Eröffnung von Sparkonten und Depots sein Einverständnis mit der telefonischen und persönlichen Beratung in Geldangelegenheiten durch die Bank erklärt, damit der Bank weder ausdrücklich noch mutmaßlich sein Einverständnis zu Telefonanrufen, mit denen um einen Termin zum Abschluß eines Versicherungsvertrages gebeten wird; vgl. OLG Stuttgart VuR 1998, 46, 47/48.

182 BGH BB 1989, 1777, 1778; siehe auch BGH GRUR 1991, 764, 765.

183 OLG München BB 1994, 2233; OLG Hamburg WRP 1987, 41.

184 BGH DB 1994, 672, 673; DB 1991, 1979; vgl. auch OLG Hamburg NJW-RR 1996, 365, 366.

185 von Heymann, in: Assmann/Schütze § 4 Rdz. 32. Siehe auch EuGH NJW 1995, 2541 zum Verbot der Telefonwerbung für Warentermingeschäfte bei Privatverbrauchern nach niederländischem Recht und seiner Vereinbarkeit mit EG-Recht.

(b) Unangekündigte Vertreterbesuche

Generell nicht zu beanstanden sind Vertreterbesuche ohne Anmeldung, es sei denn, daß sie das Privatleben des Aufgesuchten in einer nicht hinzunehmenden Weise stören.[186] Eine solche unzumutbare Beeinträchtigung sehen Rechtsprechung und Literatur in folgenden Sachverhalten:[187]

1. Ein Privatmann bekundet durch ein Schild an seiner Haustür sein Desinteresse an Vertreterbesuchen und erhält trotzdem Besuch.[188]
2. Der Vertreter erschwindelt sich den Zugang zur Wohnung, indem er vorgibt, nur die Erteilung einiger Auskünfte erhalten zu wollen, tatsächlich aber den Abschluß eines Vertrages beabsichtigt.[189]
3. Die zum Ausdruck gebrachte Verweigerungshaltung des Kunden gegenüber dem Ansinnen des Vertreters wird in verbal-aggressiver Weise überwältigt.[190]
4. Der Kunde ist beim Besuch des Vertreters, bedingt durch einen Trauerfall seelisch erschüttert.[191]
5. Der Vertreter gebraucht persönliche Verbindungen oder Nachbarschaftsverhältnisse für seine geschäftlichen Zwecke.[192]
6. Der Hausbesuch wird vom Vertreter auf irgendeine Art und Weise erschlichen[193], etwa wenn sich der Kunde durch die Zusendung von Werbematerial nur unverbindlich informieren wollte, dann aber aufgesucht wird.[194] Unab-

---

186 BGH BB 1994, 537; GRUR 1976, 32, 33; GRUR 1973, 81; BB 1970, 979, 980; GRUR 1967, 430, 431; GRUR 1959, 277, 279/280; GRUR 1955, 541, 542/543. Vgl. auch BGH BB 1994, 1373 zur Zulässigkeit unaufgeforderter Besuche von Versicherungskaufleuten im Außendienst. Wettbewerbswidrig handelt aber der Versicherungsaußendienstmitarbeiter, der während seiner Dienstzeit als Angehöriger des öffentlichen Dienstes Verträge vermittelt; vgl. hierzu BGH DB 1994, 2393.

187 Siehe die Kasuistik bei Werner/Machunsky, vor § 1 HWiG Rdz. 11 und 12 (S. 38 und 39).

188 OLG Düsseldorf EWiR 1994, 1137; Ulmer WRP 1986, 445, 454; von Hippel BB 1983, 2024, 2025; Gilles, Direktmarketing, Rdz. 145; Schade, S. 144.

189 OLG Stuttgart WRP 1976, 400, 401; von Gamm Kap. 25, Rdz. 29.

190 Ulmer, a.a.O. (Fußn. 188), S. 454; Gilles, a.a.O. (Fußn. 188), Rdz. 69 ff.; von Falckenstein, Rdz. 101; Baumbach/Hefermehl, § 1 UWG Rdz. 66; Werner/Machunsky, HWiG vor § 1 Rdz. 11 (S. 38).

191 BGH GRUR 1971, 317, 318; 1967, 430, 431; vgl. auch BGH GRUR 1955, 541, 542/543.

192 Werner/Machunsky, HWiG vor § 1 Rdz. 11 (S. 39); Jacobs/Hasselblatt, in: Gloy, Handbuch § 50 Rdz. 43.

193 Werner/Machunsky, HWiG vor § 1 Rdz. 11 (S. 39); Baumbach/Hefermehl, a.a.O. (Fußn. 190); von Gamm, a.a.O.(Fußn. 189); Jacobs/Hasselblatt, a.a.O. (Fußn. 192), Rdz. 44.

194 BGH GRUR 1971, 320, 321; GRUR 1968, 648, 649; OLG Stuttgart NJW-RR 1986, 787.

hängig davon, ob der Besuch mit der Übersendung des Materials mitgeteilt[195] oder sich der Kunde hierüber im unklaren befindet.[196] So auch, wenn der Gewerbetreibende den Gewinn eines Preisausschreibens übergibt mit dem Ziel, Vertragsverhandlungen aufzunehmen.[197]

Im Gegensatz dazu ist die Nachbearbeitung eines Verbrauchers anläßlich eines Vertreterbesuches, um zu erkunden, weshalb dieser vom Vertragsschluß Abstand genommen hat, keine allgemein zu mißbilligende Belästigung. Eine solche kann sich allerdings von Fall zu Fall aufgrund besonderer Umstände ergeben.[198]

Die vorerwähnten Grundsätze betreffen den privaten Verbraucher. Inwieweit unerbetene Vertreterbesuche bei Gewerbetreibenden zulässig sind, wird man - wie bei der Telefonwerbung - vorrangig danach beurteilen, ob ein berufsmäßiges Interesse und ein damit einhergehender konkreter Grund für einen Besuch besteht oder wenigstens erwartet werden kann. Jedoch genießen gewerbliche Kunden ebenfalls einen Schutz ihrer Privatsphäre. Unabhängig davon dürfte außer Frage stehen, daß Vertreterbesuche, durch aufdringliche oder hinterlistige Praktiken des Vertreters initiiert, allgemein wettbewerbsrechtlich nicht zu akzeptieren sind.

(c) Unerwünschte Briefwerbung

Eine Briefwerbung ist unzulässig, wenn sich der Postempfänger dagegen zur Wehr setzt, indem er beispielsweise den Versender abmahnt[199] oder ihm schriftlich mitteilt, daß er in Zukunft keine Sendungen mehr erhalten möchte.[200] Die Mißachtung der Reklame läßt sich ferner durch einen Aufkleber am Briefkasten zum Ausdruck bringen.[201] Voraussetzung ist jedoch, daß die Unterlassung nicht mit einem unverhältnismäßigen Aufwand für den Absender verbunden ist.[202] Eine Einschränkung gilt überdies, sofern die Verstöße quantitativ niedrig im Verhältnis zur Zahl der Werbesendungen liegen, der Anbieter die Kundeninteressen angemessen berücksichtigt und deren Belästigung im Einzelfall nicht nennenswert ist.[203] Einen Unterschied zwischen gewerblichen und privaten Briefempfängern gibt es bei dieser Form der unerwünschten Werbung nicht.[204] Für die hier interessierenden ritterschaftlichen Hypothekendarlehensgeschäfte vermag

---

195 BGH GRUR 1970, 613, 615.
196 BGH GRUR 1976, 32, 33; vgl. auch OLG Stuttgart, a.a.O. (Fußn. 194).
197 BGH GRUR 1973, 81, 82; vgl. auch BGH GRUR 1959, 544, 546.
198 BGH NJW 1994, 1071, 1072/1073.
199 OLG München NJW 1984, 2422, 2423; vgl. auch Alt WRP 1985, 319.
200 BGH WRP 1973, 329.
201 BGH ZIP 1989, 185, 187.
202 Ebd.; siehe auch BGH WRP 1973, 329, 330.
203 BGH WRP 1992, 638, 640.
204 Vgl. BGH WRP 1973, 329 (Kaufmann); OLG München NJW 1984, 2422 (Rechtsanwalt); BGH ZIP 1989, 185; WRP 1992, 638.

auch das HWiG wettbewerbsrechtlich insgesamt zu keiner anderen Sichtweise führen, zumal besagtes Gesetz für Verträge im Rahmen einer selbständigen Erwerbstätigkeit keine Anwendung findet.[205]

(d) Unlautere Anzeigenwerbung speziell von Kreditvermittlern

Grundsätzlich wird in der Zeitungswerbung wegen des noch freien Entschlusses des Bestellers nur eine Mitveranlassung, keine provozierte Bestellung gesehen.[206] Der Verbraucher kann ohne direkte Beeinflussung durch den Gewerbetreibenden selbst darüber entscheiden, ob er diesen bittet, ihn zu besuchen oder nicht.[207] Die Anzeigenwerbung provoziert aber dennoch eine Bestellung, wenn der Kunde durch unlautere Mittel in seiner Entscheidungsfreiheit beeinflußt wird.[208] Unlauter sind Mittel, die nicht mit dem Wettbewerbsrecht in Einklang stehen.[209]. Eine wettbewerbsrechtlich unzulässige Verhaltensweise kann demzufolge regelmäßig nicht, wie bereits oben aufgezeigt[210], zu einer wirksamen Bestellung führen.

Nachstehend soll deshalb die Rechtsprechung zur irreführenden, gem. §§ 1, 3 UWG wettbewerbswidrigen Kreditvermittleranzeigenwerbung aufgezeigt werden.

(aa) Werbung mit „günstigen Kreditbedingungen/günstigen Baudarlehen“

Eine Werbung mit besonders günstigen Kreditkonditionen ist vor allem dann irreführend, wenn die Kreditgewährung lediglich bei sehr guter Bonität des Kunden möglich ist. Konkret, wenn er über ein entsprechendes Einkommen verfügt, so daß Zins und gegebenenfalls Tilgung zweifelsfrei ohne Verzugsgefahr erbracht und einwandfreie Sicherheiten für den Kredit gestellt werden können. Maßgeblich für die Irreführung ist dabei, daß eine Kreditvergabe zu den angepriesenen Bedingungen für die anvisierten Verkehrskreise eine seltene Ausnahme darstellt.[211]

---

205 BGH WM 1994, 1390, 1391/1392; vgl. auch Werner/Machunsky, HWiG § 6 Rdz. 15 und 19 speziell für landwirtschaftliche Kreditverträge. Siehe weiter allgemein zu den Auswirkungen des HWiG auf das Wettbewerbsrecht, ders., HWiG vor § 1 Rdz. 12 (S. 39); Ulmer, a.a.O. (Fußn. 188), S. 453; Gilles EWiR 1986, 925, 926. Zu der Frage, ob das HWiG einen Einfluß auf die Nichtigkeit von Kreditgeschäften bei Verstoß gegen § 56 Abs. 1 Nr. 6 GewO hat, im einzelnen sogleich näher.

206 BGH WM 1985, 1437, 1438; WM 1989, 4, 6; WM 1990, 136, 137; WM 1992, 8, 9.

207 BGH WM 1985, 1437, 1438; Teske, a.a.O. (Fußn. 136), S. 633.

208 Friauf-Stober, § 55 Rdz. 25.

209 Schlaus ZHR 151, 180, 184; Gilles, a.a.O. (Fußn. 136), S. 1132; Ulmer, a.a.O. (Fußn. 188), S. 451 unter Bezugnahme auf BGH GRUR 1968, 648, 649; 1971, 320, 321; 1976, 32, 33.

210 Siehe oben, S. 65.

211 OLG Karlsruhe WRP 1979, 811, 813.

Dabei spielt eine Rolle, daß sich Finanzmakler eher an untere und mittlere Einkommensgruppen wenden, die bei einer Bank anderweitig keinen Kredit mehr erhalten und sich nicht darüber im klaren sind, welche Kosten auf einen als schlechtes Risiko eingestuften Kreditnehmer zukommen.[212]

Benennt die Annonce nicht zugleich die Voraussetzungen für eine günstige Kreditvergabe, so ist die Werbung mit „günstigen Kreditbedingungen" im Ergebnis wettbewerbswidrig[213], etwa dann, sofern mit der Vermittlung von „Baugeld ab 4,5%" geworben wird, ohne daß erkennbar ist, daß das günstige Angebot für Baufinanzierungen nicht für jeden Interessenten vermittelt werden kann, sondern nur für diejenigen, die einen Bausparvertrag abschließen.[214] So liegt es weiter bei der Verknüpfung eines Lebensversicherungsabschlusses mit der Vermittlung günstiger Kreditzinsen. Diese Abhängigkeit muß in der Anzeige klar zum Ausdruck kommen. Eine entsprechende Kurzfassung, wie „über LV" genügt den Anforderungen jedenfalls nicht.[215] Wird die Anzeige dem nicht gerecht, so darf nur mit Durchschnittszinssätzen geworben werden.[216]

Zu beanstanden ist schließlich auch eine Werbung mit einer 0 %-Kreditbearbeitungsgebühr, sofern dadurch bei potentiellen Kunden der Anschein einer zinslosen Kreditgewährung geweckt wird[217]

(bb) Werbung mit „Umschuldungen"

Eine Werbung für Umschuldungen setzt eine Erlaubnis nach dem Rechtsberatungsgesetz voraus. Der Grund: Die Ablösung der Alt- durch Neukredite macht regelmäßig umfangreiche Beratungen und Verhandlungen mit Alt- und Neugläubigern notwendig, wovon auch die Kreditkunden ausgehen. Ohne entsprechende Erlaubnis verbietet sich die Werbung. Das Fehlen der Zulassung verleiht der Werbung den wettbewerbswidrigen Charakter nach § 1 UWG. Enttäuscht dagegen der Makler die Erwartung des angesprochenen Publikums über eine umfassende erlaubnispflichtige Beratungs- und Verhandlungstätigkeit bei der Umschuldung, so ist § 3 UWG verletzt.[218]

---

212 BGH GRUR 1967, 664.

213 Funck WRP 1981, 366, 368.

214 BGH GRUR 1967, 664, 665; LG Gießen, Az. 3 Q 2/64, zit. nach Funck, ebd. (Fußn. 213); vgl. auch Funck, ebd.

215 LG Saarbrücken, Az. 7 O 23/81 IV, zit. nach Funck, ebd.; vgl. auch Funck, ebd.

216 Funck, ebd.

217 LG Frankfurt/Main VuR 1998, 28.

218 OLG Hamburg WRP 1979, 138, 139; OLG München WRP 1978, 560; OLG Stuttgart WRP 1977, 513, 514. Zu den genauen Voraussetzungen, unter denen eine Umschuldungsvermittlung erlaubnispflichtiger Natur ist und zu möglichen Verstößen gegen Art. 1, § 1 RBerG sowie den sich daraus ergebenden Rechtsfolgen noch später.

(cc) Werbung mit dem „Ablösen von Altschulden"

Diese Werbung gilt ebenfalls als irreführend[219] und erfordert wegen ihrer Vergleichbarkeit mit der Umschuldungswerbung grundsätzlich eine Zulassung nach dem Rechtsberatungsgesetz.[220] Folglich kann auf die dortigen Ausführungen verwiesen werden.

Unerlaubt ist neben der Werbung mit den Worten „Ablösen von Altschulden"[221] auch die Werbung mit vergleichbaren Ausdrücken, wie beispielsweise mit „Ablösung von laufenden Krediten"[222], „Bezahlung laufender Kredite"[223], „Zusammenfassung Ihrer laufenden Raten"[224], „Umfinanzierungen"[225] und „Schuldenregulierungen".[226]

(dd) Werbung mit „Hausbesuchen"

Ferner kommt der Werbung mit „Hausbesuchen" eine Irreführung zu. Viele Kreditinteressenten gehen bei dieser Werbung davon aus, daß der Kreditvermittler nur durch die reine Aufforderung hin anschließend eine Kreditberatung und -vermittlung im Hause des Kreditnehmers durchführt, ohne daß dieser zuvor eine nähere telefonische oder schriftliche Information über den zu vermittelnden Kredit für notwendig hält.[227] Der Interessent sieht insofern eine vorhergehende Bestellung i.S.d. § 55 Abs. 1 GewO als entbehrlich an.[228]

Folgt der Kreditvermittler dieser allgemein gehaltenen Aufforderung und erscheint zum Hausbesuch, so verstößt er bewußt und planmäßig gegen § 56 Abs. 1 Nr. 6 GewO. Beabsichtigt der Kreditvermittler hingegen nicht ohne nähere Information am Telefon den Kunden zu besuchen, so stellt die Hausbesuchswerbung eine irreführende Angabe über geschäftliche Verhältnisse des Maklers gem. § 3 UWG dar. Hierunter fällt bei der Kreditvermittlung auch die Art und Weise, wie die Vermittlung vorgenommen wird, also durch Hausbesuch beim Interessenten. Bestehen keine geschäftlichen Verhältnisse i.S.v. § 3 UWG, wird aber

219 OLG Stuttgart WRP 1983, 519, 520.
220 OLG Hamm WRP 1983, 221, 222.
221 OLG Stuttgart, a.a.O. (Fußn. 218), S. 520; siehe auch Funck, a.a.O. (Fußn. 213), S. 367.
222 OLG Saarbrücken WRP 1978, 561/562; siehe auch Funck, ebd.
223 LG Saarbrücken, Az. 7 O 88/79 II, zit. nach Funck, ebd.
224 LG Frankenthal, Az. 1 (HK) O 29/79 und 34/79; LG Mannheim, Az. 13 O 79/77; LG Saarbrücken, Az. 7 O 24/79 IV und 40/79 IV, jeweils zit. nach Funck, ebd.
225 LG Offenburg, Az. 2 O 210/79, zit. nach Funck, ebd.
226 LG Mannheim, Az. 12 O 67/77, zit. nach Funck, ebd.
227 OLG Hamburg BB 1979, 1787; vgl. auch Wissel WRP 1980, 525, 526.
228 OLG Hamm WRP 1979, 143.

dennoch gegen § 1 UWG verstoßen, weil es unlauter erscheint, bewußt und planmäßig täuschende Angaben zu verwenden mit dem Ziel, mögliche Kunden zur Anbahnung von Geschäftsbeziehungen zu gewinnen.[229]

(ee) Werbung mit „Sofortkredit"

Wirbt ein Finanzmakler mit „Sofortkrediten", so ist diese Werbung zulässig, wenn der Kreditinteressent mit seinen Beleihungsunterlagen das Büro des Vermittlers lediglich ein einziges Mal aufzusuchen braucht und nach Prüfung seiner Kreditwürdigkeit sogleich vom Makler einen Scheck bzw. eine Zahlungsanweisung des kreditgewährenden Geldinstituts in Empfang nimmt.[230]

(ff) Werbung mit „kostenloser Beratung „oder „kostenloser Vermittlung"

Ein Verstoß gegen § 3 UWG liegt in der Werbung mit „kostenloser Beratung". Der Grund: Der Makler arbeitet erfolgsabhängig, das heißt, bis zum Abschluß eines Vertrages ist seine Dienstleistung ohnehin kostenlos. Durch das Herausstellen einer „kostenlosen Beratung" wird somit der Eindruck eines sehr vorteilhaften Geschäftes erweckt. Tatsächlich aber ist die kostenlose Beratungstätigkeit des Vermittlers bis zum Vertragsabschluß aber etwas Selbstverständliches und keine Besonderheit, wie es diese Werbung Glauben machen will.

Diese Auffassung, die insbesondere vom OLG München[231] und vom OLG Schleswig[232] vertreten wird, findet ihre Stütze auch in den Wettbewerbsregeln des Ringes Deutscher Makler (RDM), die das Bundeskartellamt genehmigte[233] und die auch für Nichtmitglieder Geltung beanspruchen, zumal sie als allgemeingültige Wettbewerbsregelungen betrachtet werden können.[234]

---

229 OLG Hamburg WRP 1979, 138, 139; OLG München WRP 1978, 560; OLG Stuttgart WRP 1977, 513, 514; OLG Saarbrücken NJW 1969, 284. Zu den Voraussetzungen, unter denen eine Umschuldung eine erlaubnispflichtige Rechtsbesorgung ist und zu möglichen Verstößen gegen Art. 1, § 1 RBerG sowie den Folgen noch später.

230 OLG Karlsruhe, Az. 6 U 11/75, zit. nach Funck, a.a.O. (Fußn. 213), S. 367; vgl. auch Funck, ebd. Siehe im übrigen noch OLG Hamm WRP 1980, 89 und WRP 1978, 911/912 sowie Wissel , a.a.O. (Fußn. 227), S. 526.

231 OLG München WRP 1978, 560/561; vgl. auch Funck, a.a.O. (Fußn. 213), S. 367.

232 OLG Schleswig, Az. 6 U 91/74, zit. nach Funck, ebd.; vgl. auch Funck, ebd.

233 Veröffentlicht im Bundesanzeiger 1963, Nr. 167 v. 07.09.1963, zit. nach Funck, ebd.; vgl. auch Funck, ebd.

234 LG Berlin WuW 1967, 631, zit. nach Funck, ebd.; vgl. auch Funck, ebd.

Bereits nach diesen RDM-Regeln ist auch die Werbung mit einer „kostenlosen Vermittlungstätigkeit" zu beanstanden.[235]

Die Rechtsprechung[236] greift den Hinweis auf die kostenlose Vermittlungstätigkeit insbesondere deshalb an, weil ein gewerbsmäßig handelnder Finanzierungsvermittler nicht unentgeltlich arbeitet. Wenn er nicht schon eine Provision vom Darlehensbewerber verlangt, so fließt ihm doch zumindest eine den Kredit auch verteuernde Innenprovision („Packing") von der kreditwilligen Bank zu.

(gg) Werbung „ohne Vermittlerhinweis"

Fehlt in der Kreditvermittlungswerbung der Hinweis, daß die Kredite lediglich vermittelt und nicht vom Makler selbst gewährt werden, so existiert darin deren Unlauterkeit. Die Vermittlung muß aus der Anzeige unzweifelhaft ersichtlich sein. Abkürzungen oder ähnliche Ausdrücke für das Wort „Vermittlung" genügen nicht.[237] Das gilt insbesondere für Bezeichnungen wie „verm."[238], „Fin.Makl."[239], „durch"[240], „Beschaffung"[241] und „Abt. Kreditvermittlung".[242]

(hh) Werbung „ohne Namens- oder Firmennennung"

Unlauter i.S.v. § 1 UWG ist die Werbung ohne Namens- bzw. Firmenangabe, weil der Adressat nicht direkt aus einer solchen Anzeige die Angaben ersieht, die für seine Entscheidung von Bedeutung sind. Insbesondere erfährt er nichts über die Bonität und Leistungsfähigkeit des Unternehmens, ohne mit dem Makler direkt in Verbindung zu treten. Läßt sich zudem aus der Namens- bzw. Firmennennung nicht exakt der konkrete Finanzmakler erkennen, sind zusätzliche Informationen in die Anzeige aufzunehmen, um dieses zweifelsfrei zu ermöglichen.[243]

---

235 Funck, ebd.

236 LG Saarbrücken, Az. 7 O 46/81 IV; LG Köln, Az. 24 O 6/75; LG Stuttgart, Az. 7 KfH O 277/74; LG Nürnberg, Az. 4 HKO 162/73; LG Frankenthal Az. (HK) O 198/72; zit. jeweils nach Funck, ebd., S. 368; vgl. auch Funck, ebd.

237 Funck, a.a.O. (Fußn. 213), S. 366/367.

238 OLG Koblenz, Az. 13 W 180/75; OLG Bamberg, Az. 3 U 129/74; LG Karlsruhe, Az. 1 F 141/79; zit. jeweils nach Funck, ebd.; vgl. auch Funck, ebd.

239 OLG Schleswig, Az. 6 W 8/75, zit. nach Funck, ebd.; vgl. auch Funck, ebd.

240 BayOblG, Az. 4 St 39/75, zit. nach Funck, ebd.; vgl. auch Funck, ebd.

241 OLG Zweibrücken, Az. 3 W 3/78 und 3 W 94/77, zit. nach Funck, ebd.; vgl. auch Funck, ebd.

242 OLG Hamburg, Az. 3 U 107/75, zit. nach Funck, ebd.; vgl. auch Funck, ebd.

243 LG Hamburg WRP 1980, 292, 293.

(e) Vermittlung von Umschuldungen ohne Zulassung nach dem RBerG

Eine Wettbewerbswidrigkeit besteht nicht nur in der Werbung mit Umschuldungen, ohne daß der Werbende eine entsprechende Zulassung nach dem RBerG besitzt[244], sondern auch in der tatsächlichen Vermittlung von Umschuldungen mangels entsprechender Erlaubnis.[245]

bb) Vorhergehend

Die Bestellung muß weiterhin vorhergehend sein, das heißt, zeitlich vor der Aufnahme von Vertragsverhandlungen liegen.[246] Der Zeitraum zwischen Bestellung und Besuch ist dabei so zu bemessen, daß sich der Besteller auf den Gesprächstermin in Ruhe vorbereiten kann und auch tatsächlich die Chance hat, Vergleichsangebote von anderen Unternehmern anzufordern und zu überprüfen. Für die Länge des zeitlichen Abstandes ist entscheidend auf den jeweiligen Vertragsgegenstand im Einzelfall abzustellen.[247]

Zu kurzfristig wird jedoch wohl immer ein Besuch am Tag der Bestellung sein[248], jedenfalls im Fall einer Kreditvermittlung.[249] Nicht aber bei fast einer Woche nach dem Anruf des Gewerbetreibenden, betreffend den Abschluß eines Heizungsanlagenvertrages.[250] Es wird auch nicht der Kunde überrumpelt, der bereits fünf bis sechs Wochen vor der Bestellung das Angebot über die Ausführung von Sanitärzellen kannte, überdies schon Vergleichsangebote erhalten hatte und sich noch ein bis zwei Wochen nach dem Telefonat mit dem Vertreter auf die anstehenden Vertragsgespräche konzentrieren konnte.[251] Das Merkmal „vorherge-

244 Siehe oben, S. 70/71.

245 Vgl. BGH, Az. I ZR 31/85, S. 10; OLG Köln NJW-RR 1990, 1383, 1384; GRUR 1986, 625; OLG Hamburg WRP 1979, 138, 139; OLG München WRP 1978, 560; LG Frankfurt, Az. 3/8 O 219/88, S. 4; LG Hamburg, Az. 66 O 35/78, S. 9.

246 Gilles, a.a.O. (Fußn. 136), S. 1142; Hopt, a.a.O. (Fußn. 150), S. 1670.

247 LG Hamburg NJW-RR 1988, 824, 825;Gaul NJW 1987, 2852 Gilles, a.a.O. (Fußn. 136), S. 1142; Friauf-Stober, § 55 Rdz. 24.

248 BGH ZIP 1989, 972, 973; LG Aschaffenburg BB 1987, 1068; vgl. auch OLG Stuttgart NJW 1988, 1986, 1987, wo der Gewerbetreibende noch am Bestelltag erschien, obwohl der Besuchstermin erst sieben Tage später angesetzt war.

249 BGH, ebd., S. 973.

250 LG Aachen BB 1988, 1143, 1144. In dieser Entscheidung lag aber schlußendlich nur eine unverbindliche Informationsbitte vor, ohne daß es entscheidend auf eine „vorhergehende“ Bestellung ankam.

251 BGH WM 1994, 2206, 2207.

hend" ist allerdings nicht mehr verwirklicht, sobald mehrere Monate zwischen Bestellung und Besuch liegen.[252]

2. Verbot des Abschlusses und der Vermittlung von Darlehensgeschäften

a) Der Darlehensbegriff des Reisegewerbeverbots

§ 56 Abs. 1 Nr. 6 GewO verbietet den Abschluß und die Vermittlung von Darlehensgeschäften im Reisegewerbe. Der Begriff des Darlehens in dieser Vorschrift ist identisch mit dem des § 607 BGB.[253] Bürgschaften zählen somit nicht dazu. Das ergibt sich unzweifelhaft aus dem Wortlaut der Gewerbeordnungsnorm, der nur von „Darlehen" spricht.[254]

b) Die Vermittlung von Darlehensgeschäften

Unter Vermittlung ist jede Tätigkeit zu verstehen, die auf die Beschaffung eines Darlehens gerichtet ist. Es genügt die den Kunden werbende, ihn beratende und das Darlehen vorbereitende Tätigkeit des Vermittlers außerhalb seiner eigenen Geschäftsräume und zwar selbst dann, sofern der Kreditvermittler weitere Verhandlungen in seinen eigenen Geschäftsräumen führt und der Kunde dort den Kreditantrag unterschreibt. Es reicht auch aus, wenn der Kreditvertrag selbst erst einige Zeit nach der Vermittlung geschlossen und notariell beurkundet wird. Maßgebend ist nur, daß dieser Vertragsschluß auf die frühere Tätigkeit des Vermittlers zurückgeht.[255]

---

252 LG Aachen NJW 1987, 1831, 1832. Im Ergebnis bestand dort nur eine Informationsbitte und keine verbindliche Bestellung. Der Begriff der „vorhergehenden" Bestellung war insoweit dann nicht mehr von Relevanz.

253 Schönleiter, in: Landmann/Rohmer, § 56 GewO, Rdz. 102.

254 BGH WM 1991, 359, 360; DB 1989, 33; WM 1986, 11; vgl. auch BGH WM 1993, 683 und WM 1991, 1210, 1211; anders offenbar wohl LG Darmstadt WM 1985, 1438, 1439.

255 BGH WM 1992, 8, 9; NJW 1979, 2092; NJW 1978, 1970, 1971; LG Itzehoe, Az. 6 O 18/94, S. 15/16 und 18.

II. Die Rechtsfolgen eines Verstoßes gegen § 56 Abs. 1 Nr. 6 GewO für landwirtschaftliche Kredite

1. Die Rechtslage für Verträge bis zum 1. Mai 1986

§ 56 Abs. 1 Nr. 6 GewO ist nach gefestigter höchstrichterlicher Rechtsprechung[256] ein Verbotsgesetz mit Nichtigkeitsfolge. Der Verstoß gegen das Verbot führt bei Kreditvermittlungen sowohl zur Nichtigkeit des Kreditvermittlungsvertrages als auch zur Nichtigkeit des Kreditvertrages selbst. Die Vorschrift findet zeitlich unzweifelhaft Anwendung auf Kreditgeschäfte vor Inkrafttreten des HWiG, also vor dem 1. Mai 1986.

Der BGH[257] hat die sachliche Anwendbarkeit des § 56 GewO auf landwirtschaftliche Darlehen zum einen wegen der hier ebenfalls bestehenden Überrumpelungsgefahren und zum anderen unter Hinweis auf die Entstehungsgeschichte der Norm bejaht.[258] Zur Begründung der Einführung des § 56 a GewO, dem Vorläufer des § 56 Abs. 1 Nr. 6 GewO[259] heißt es nämlich in den Gesetzgebungsmaterialien von 1882/83:[260]

„Eine eigentümliche Erscheinung ist das in einzelnen Gegenden Deutschlands hervorgetretene Aufsuchen von Darlehensgeschäftsabschlüssen im Umherziehen sowie das Aufsuchen der Vermittlung derselben ohne vorgängige Bestellung. Die Überhandnahme des Wuchers, die Vernichtung der Existenz zahlreicher bäuerlicher Familien durch den Wucher ist in manchen Gegenden zu einer volkswirtschaftlichen Kalamität geworden. Der Wucherer wird aber von dem Geldbedürftigen keineswegs immer bestellt oder aufgesucht; derselbe bietet sich vielmehr oft in zudringlicher Weise an, indem er von Hof zu Hof wandert oder andere Gelegenheiten, insbesondere Getreide- und Viehmärkte benutzt, um mit dem Landmann in Verkehr zu treten, dessen Geldbedürfnisse zu erforschen und ihm kleine Darlehen aufzudrängen, die allmählich zu unerschwinglichen Wechselschulden anwachsen. Keinem Zweifel kann es unterliegen, daß ein derartiger Gewerbebetrieb zu den allerverwerflichsten gehört. Und wenn auch nicht die Aussicht vorhanden sein mag, mit dem Verbote desselben gründlich zu helfen, so

---

256 BGH WM 1993, 1323, 1324; NJW 1992, 2560, 2561; WM 1992, 8; WM 1991, 313; WM 1990, 136; WM 1989, 1800, 1802; WM 1989, 1083, 1084; WM 1989, 4; WM 1987, 613; WM 1986, 11; WM 1985, 1437, 1438; WM 1985, 221; WM 1983, 1262; WM 1982, 1429;WM 1982, 919, WM 1980, 860; WM 1980, 620; WM 1979, 1180; WM 1979, 1035; WM 1979, 550; WM 1979, 429; WM 1978, 1154; WM 1978, 875.

257 BGH WM 1992, 8, 9/10.

258 Ebd.

259 BT-Drs. 3/318, S. 25.

260 Stenographische Berichte über die Verhandlungen des Reichstages, 5. Legislaturperiode, II. Session 1882/83, Fünfter Band, Anlagen S. 22.

ist das Verbot selbst darum doch nicht weniger gerechtfertigt. Die „bestellte“ Darlehensvermittlung dagegen ist von dem Verbote auszunehmen, um dem legitimen und nützlichen Gewerbebetrieb der Agenten von Immobiliarkredit = Instituten, Darlehenskassen ... nicht zu nahe zu treten.“

Diesen Wucherern waren ab 1867 durch die allgemeine Freigabe von Zinsvereinbarungen „gute Tage“ gesichert.[261] Ihre Kreditvermittlungspraktiken gingen offenbar einher mit der im 19. Jahrhundert grassierenden starken finanziellen Not landwirtschaftlicher Betriebe. In einer Untersuchung von Abel[262] heißt es hierzu: „Eine Kette von Kreditstörungen zieht sich in Deutschland von den dreißiger Jahren bis in die sechziger Jahre des Jahrhunderts. Die meisten dieser Störungen waren noch lokal begrenzt, aber Ende der sechziger Jahre breitete sich eine Kreditkrisis aus, die neben dem nord- und ostdeutschen Großgrundbesitz auch west- und süddeutsche Bauernlandschaften traf ... Es hatte sich ... der Zinsfuß erhöht. Er war bei Privathypotheken von 4 auf 5 v.H. gestiegen. Diese leichte Erhöhung genügte, um einen Welle von Zwangsversteigerungen auszulösen und die Güterpreise in den überschuldeten Landschaften zu drücken. Doch ging diese Krisis bald vorüber. Sie war nur ein Vorspiel der viel länger währenden und schlimmer wirkenden Preiskrisis, die in den 70er Jahren über die europäische und die Weltlandwirtschaft hereinbrach.“ Und weiter:[263] „... sollen doch nach einem oft zitierten, wenn auch wohl übertreibenden Bericht des Abgeordneten von Lavergne-Peguilhen aus dem Jahre 1851 mindestens 80 v.H. der ostdeutschen Rittergutsbesitzer während der Agrarkrisis ihre Güter verloren haben. Tatsache ist, daß in Teilen Ostdeutschlands der Grundstücksmarkt infolge des Überangebots von Gütern völlig zusammenbrach.“

Hieran wird deutlich, daß die hohe Kreditverschuldung wohl seinerzeit die gesamte Landwirtschaft betraf. Aus diesem Grund dürften alle Bauern gleichermaßen, unabhängig von der Größe ihres Hofes, den Gefahren, die von umherreisenden Kreditvermittlern ausgingen, ausgesetzt gewesen sein. Demnach erließ der Gesetzgeber vermutlich auch die Vorschrift des § 56 a GewO gerade zum Schutz von bäuerlichen Familien. 1962 sprach das OLG Hamburg[264] davon, daß das Reisegewerbe-Kreditvermittlungsverbot zum Schutze der minderbemittelten Bevölkerung vor der Eingehung unüberlegter Verpflichtungen besteht. Der BGH übernahm und ergänzte diesen Ansatz im Zuge seiner Rechtsprechung ab 1978 unter Hinweis auf die Gewerbeordnungsnovelle von 1960, in dem er allgemein die verbraucherschützende Funktion des § 56 Abs. 1 Nr. 6 GewO betonte.[265]

261 Hammen ZBB 1991, 87, 90 m.w.N.
262 Abel, Agrarkrisen, S. 277.
263 Ebd., S. 236.
264 OLG Hamburg NJW 1962, 1123.
265 BGH NJW 1978, 1970, 1971.

Im Urteil vom 26.11.1991 gegen die BRH stellte er dann klar, daß der Anwendungsbereich des § 56 Abs. 1 Nr. 6 GewO Privatverbraucher und Gewerbetreibende gleichermaßen erfaßt.[266] Besagter Entscheidung lag der Fall eines Landwirts zugrunde, der einen 21,5 ha Betrieb bewirtschaftete. Dieses Anwesen verzeichnete bereits im Jahr 1982 vor der ritterschaftlichen Kreditgewährung eine Belastung von 710.000 DM. Nach der ritterschaftlichen Kreditvergabe stiegen die Verbindlichkeiten sogar auf 1,4 Millionen DM Darlehensschulden und 1,5 Millionen DM Hypotheken- und Grundschulden an.[267] Bei einer derartigen Unternehmens- und Finanzstruktur ist von der Beleihung eines größeren Hofes auszugehen. § 56 Abs. 1 Nr. 6 GewO schützt im Ergebnis demnach gewerbliche Großunternehmer[268] sowie private Verbraucher gleichermaßen und ist insofern neben den hier untersuchten ritterschaftlichen Hypothekendarlehensverträgen auch generell für Gewerbekredite von Bedeutung.[269]

2. Die Rechtslage für Verträge vom 1. Mai 1986 bis zum 1. Januar 1991

a) BGH-Urteil vom 16.01.1996

Mit der höchstrichterlichen Entscheidung vom 16.01.1996[270] steht nunmehr für die Prozeßpraxis fest, daß Kreditgeschäfte, welche zeitlich unter den Anwendungsbereich des HWiG fallen, bei Verstoß gegen § 56 Abs. 1 Nr. 6 GewO nicht gemäß § 134 BGB nichtig sind. Der bisherige Meinungsstreit in der instanzenge-

266 BGH WM 1992, 8, 9/10.

267 Ebd.

268 Zur Einordnung von Landwirten als Gewerbetreibende, s. bereits oben Fußn. 45.

269 Interessant ist die Begründung des BGH in seiner Entscheidung vom 26.11.1991 (BGH WM 1992, S. 8 ff., insbes. S. 9), wonach sich die wirtschaftlichen und sozialen Verhältnisse in der Landwirtschaft seit Inkrafttreten der GewO nicht so gravierend geändert hätten, daß es gerechtfertigt wäre, landwirtschaftliche Kreditnehmer vom Schutzzweck des § 56 GewO auszunehmen. Diese Aussage dürfte insbesondere landwirtschaftlichen Großunternehmern in den neuen Bundesländern zugute kommen, die Überrumpelungsgefahren ausgesetzt sind. Unabhängig davon ist aber auch nicht ersichtlich, warum nicht alle Unternehmer den Schutz des § 56 GewO genießen sollen. Die wirtschaftliche und soziale Position hochverschuldeter Rittergutsbesitzer, die 1882/83 ebenso wie Kleinbauern vom Reisegewerbekreditvermittlungsverbot profitierten, ist heute vergleichbar mit der wirtschaftlichen und sozialen Stellung von Industrie- und Dienstleistungsgroßbetrieben. Wenn die Rechtsprechung im übrigen bei finanziell notleidenden landwirtschaftlichen Großunternehmern von Überrumpelungsgefahren ausgeht, so kann aber für Unternehmer sonstiger Branchen nichts anderes gelten. Siehe auch oben, S. 36/37 wo bereits auf die allgemeine Bedeutung der Untersuchung für Gewerbekreditgeschäfte hingewiesen wurde.

270 BGH ZIP 1996, 370.

richtlichen Rechtsprechung und Literatur ist damit hier nunmehr ohne Belang.[271] Die Verneinung der Nichtigkeit wird vom BGH unter Hinweis auf seine frühere Rechtsprechung begründet. So vertrat er im Urteil vom 17.01.1985[272] die Auffassung, daß Darlehensverträge, die gegen § 56 Abs. 1 Nr. 6 GewO verstoßen, nichtig sind, solange der Gesetzgeber dem Kreditnehmer keine dem Abzahlungskäufer oder Anfechtungsberechtigten vergleichbare Rechtsstellung einräumt.[273] Mit der Einführung des Widerrufsrechts durch das HWiG änderte sich dieses. Das Widerrufsrecht ist zudem nach Ansicht des BGH ein angemessenerer Ausgleich für die Beeinträchtigung der Entschließungsfreiheit des Kunden bei Abschluß eines Vertrages als die von seinem Willen unabhängig eingreifende Nichtigkeitsfolge.[274]

b) Keine Änderung der bisherigen Rechtslage für Landwirte

Für landwirtschaftliche Kreditnehmer ändert sich indes nichts an der bisherigen Rechtslage. Das HWiG findet nach seinem § 6 Nr. 1 1. Alt. keine Anwendung, wenn der Kunde den Vertrag in Ausübung einer selbständigen Erwerbstätigkeit abschließt.[275] Hierunter fallen auch Kreditverträge mit Landwirten.[276] Da Landwirte insoweit mit Inkrafttreten des HWiG keine dem § 1 b AbzG oder den §§ 123, 142 BGB vergleichbare Rechtstellung erhielten, muß es für ihre Kreditgeschäfte weiterhin bei der Nichtigkeit nach § 134 BGB bleiben.

---

271 Gegen eine Nichtigkeit sprachen sich aus: OLG München EWiR 1995, 375; OLG Hamm NJW 1994, 2159; OLG München NJW-RR 1990, 1528, 1529; LG Kassel NJW-RR 1989, 105, 106; Palandt-Heinrichs § 134 Rz. 10; Fischer/Machunsky, HWiG vor § 1 Rz. 67; Müko-Ulmer vor § 1 HWiG Rz. 24; Sörgel-Hefermehl § 134 Rz. 78; Ose EWiR 1995, 375, 376; Bydlinski ZBB 1991, 263, 264; Koziol AcP 188, 183, 228; Schlaus, a.a.O. (Fußn. 209), S. 189; Knauth WM 1987, 517, 518/519; Häuser WM 1986, 603, 604; Löwe a.a.O. (Fußn. 136), S. 823; Teske, a.a.O. (Fußn. 136), S. 635. Für eine Nichtigkeit: Tepper JR 1990, 356/357; Reifner, Kreditrecht § 9 Rz. 35; ders., a.a.O. (Fußn. 116), S. 63; Schmelz, Verbraucherkredit Rz. 128; ders. NJW 1991, 1219; Meiwes, Probleme, S. 87 ff.

272 BGHZ 93, 264 ff.

273 Ebd., S. 269.

274 BGH ZIP 1996, 370, 372.

275 BGH WM 1994, 1390, 1391/1392.

276 Fischer/Machunsky, HWiG § 6 Rz. 15.

III. Die möglichen Verstöße ritterschaftlicher Kreditgeschäfte und ihre Rechtsfolgen

1. Verstöße gegen § 56 Abs. 1 Nr. 6 GewO im allgemeinen

Der Prüfung der jeweiligen Kreditangelegenheit obliegt es, inwieweit die ritterschaftlichen Kreditvermittler ihre Kunden ohne vorhergehende Bestellung aufsuchten und damit gegen § 56 Abs. 1 Nr. 6 GewO verstießen. Denkbar ist, daß die Kreditgeschäfte schon generell deswegen nichtig sind, weil die Landwirte erstmalig in ihrem Leben einen bis dahin zudem noch völligen unbekannten Finanzmakler mit der Kreditumschuldungsvermittlung beauftragten, vorausgesetzt, der Maklervertrag wurde bereits beim ersten als unverbindlich anzusehenden Informations- und Kontaktbesuch im Hause des Kunden geschlossen. Möglich ist des weiteren eine Nichtigkeit der Kreditgeschäfte, weil die Ehegatten und Familienangehörigen des Landwirts Kreditbeschaffungsaufträge unterzeichneten, selbst aber keinen Kontakt zum Makler aufnahmen und auch nichts mit Kreditvermittlungen zu tun haben wollten. Auch sind weitere Konstellationen vorstellbar, die einen Verstoß gegen das Gewerbeordnungsverbot bewirkten. Das gilt vor allem für Verstöße im Zusammenhang mit einem eventuellen wettbewerbswidrigen Verhalten der ritterschaftlichen Kreditvermittler. Dieses soll anschließend erörtert werden.

2. Verstöße gegen § 56 Abs. 1 Nr. 6 GewO im besonderen durch wettbewerbswidriges Kreditvermittler-Verhalten

a) Wettbewerbswidrige Telefonwerbung

Ähnlich wie unerwünschte Anrufe von Kapitalanlageberatern[277] sind auch unerbetene Anrufe von Kreditvermittlern als wettbewerbswidrig zu betrachten, sofern hierfür nicht ein triftiger Grund sowie ein entsprechendes Interesse des Landwirts vorlagen. Diese Voraussetzungen lassen sich aber in aller Regel bei den Anrufen von Kreditmaklern verneinen, zu denen notleidende Landwirte noch über keine geschäftlichen Kontakte verfügten. Bei derartigen Anrufen wird man jedenfalls nicht, wie beispielsweise bei den Anrufen von Landhändlern und landwirtschaftlichen Genossenschaften, zu denen der Landwirt schon regelmäßig Jahre, wenn nicht jahrzehntelang, hinsichtlich seiner Produkte in einem Bezugs- und Absatzverhältnis stand, ein berufsbezogenes Interesse des Kunden für möglich halten

277 Siehe oben, S. 66.

können. Etwas anderes käme nur in Betracht, wenn bereits eine Geschäftsverbindung zwischen dem Landwirt und dem Makler existierte und letzterer von einem Kreditvermittlungsinteresse ausgehen durfte.

b) Wettbewerbswidrige Vertreterbesuche

Entsprechendes gilt auch für die Wettbewerbswidrigkeit von Vertreterbesuchen. Daher kann auf die vorstehenden Ausführungen verwiesen werden.

c) Wettbewerbswidrige Briefwerbung

Verschickte ein Vermittler nach Abschluß einer Finanzierung laufend Werbebriefe per Post mit neuen Kreditvermittlungsangeboten, an denen der Landwirt keinerlei Interesse besaß, so wäre eine Mitteilung des ehemaligen Kunden an den Gewerbetreibenden, daß keine Reklame gewünscht wird, ausreichend, um entsprechendes Desinteresse zu bekunden. Weil ein ritterschaftlicher Finanzmakler regelmäßig nur eine begrenzte Anzahl von Kunden betreute[278], wird die Löschung der Adresse eines einzelnen Landwirtes aus seiner Kartei nur mit einem relativ geringfügigen Aufwand für ihn verbunden gewesen sein. Sollte sich dann ein Makler dennoch über den Wunsch des Landwirts hinweggesetzt und seine Werbung fortgeführt haben, so müßte hierin ein Wettbewerbsverstoß gesehen werden.

d) Wettbewerbswidrige Anzeigenwerbung

Das ritterschaftliche Kreditinstitut arbeitete sehr eng mit Vermittlern zusammen, die ihre Dienstleistungen vornehmlich in landwirtschaftlichen Fachzeitschriften anboten.[279] Es soll deshalb nunmehr die möglicherweise wettbewerbswidrige Anzeigenwerbung zahlreicher Makler in diesen Zeitungen aufgelistet werden. Ob der jeweils Betreffende tatsächlich mit dem ritterschaftlichen Bankhaus zusammenwirkte, muß der Klärung im Einzelfall überlassen bleiben.

Den Anfang bildet die Werbung mit „günstigen Kreditbedingungen" für finanzschwache Landwirte. Diese Werbung ist wettbewerbswidrig, da sie für den angesprochenen Verkehrskreis, mangels entsprechender Bonität, eine seltene

278 Die Zahl hier in Rede stehender Kreditvermittler dürfte bei etwa ein bis zwei Dutzend gelegen haben (hierzu sogleich noch näher). Von den Kreditpraktiken waren wohl gut eintausend Landwirte betroffen (siehe oben, S. 34). Insgesamt besaßen die Makler also einen zahlenmäßig überschaubaren Kundenkreis.

279 Vgl. Land und Forst, Ausg. 13/87, S. 75; Magazin „stern", Ausg. 6/84, S. 80. Siehe auch oben, S. 30 ff.

Ausnahme bildet.[280] Dabei ergibt sich die Wettbewerbswidrigkeit dort schon größtenteils aus den Anzeigen selbst, zumal sie sich ausdrücklich an notleidende Landwirte wandten. Geschah dieses nicht, sind die Annoncen jedoch nicht weniger wettbewerbswidrig, weil die Rubriken „Geld- und Kapitalmarkt" in den Zeitungen, unter denen sie veröffentlicht wurden, stets den landwirtschaftlichen Leser mit Geldsorgen ansprachen.

In diesem Zusammenhang werden die Anzeigen gesondert ausgewiesen, die mit „günstigen Baudarlehen" warben. Diese Werbung ist, wie bereits aufgezeigt[281], wettbewerbswidrig, wenn der Finanzmakler den Kredit nur an solche Personen vermitteln kann, die einen Bausparvertrag abschließen.[282] Gleiches gilt für die Vermittlung eines Kredites i.V.m. dem Abschluß einer Lebensversicherung[283], sofern die Anpreisungen nicht schon wegen der unrealistisch niedrig angesetzten Zinsen wettbewerbswidrig sind. Der Abschluß zusätzlicher Lebensversicherungsverträge war bekanntlich[284] ein Teil ritterschaftlicher Kreditpraxis.

Des weiteren wird die Werbung mit „Umschuldungen", „Ablösen von Altschulden" und „Hausbesuchen" aufzuzeigen sein. Die Werbung mit Umschuldungen und dem Ablösen von Altschulden ist unter anderem wettbewerbswidrig, wenn der Kreditvermittler nicht über eine entsprechende Zulassung nach dem RBerG verfügt[285], was in der Kreditpraxis aber gerade sehr häufig der Fall ist.[286]

Den Abschluß bilden die Werbung „ohne Vermittlerhinweis", die Werbung mit „Sofortkredit", die Werbung mit „kostenloser Beratung" oder „kostenloser Vermittlung" und die Werbung ohne „Namens- oder Firmennennung". Die Werbung mit „Sofortkredit" wäre bei der Ritterschaft schon deshalb wettbewerbswidrig, zumal die Landwirte regelmäßig nicht im Maklerbüro sofort einen Scheck oder eine Zahlungsanweisung über die vermittelte Kreditsumme erhalten haben dürften. Vielmehr wird die Auszahlung der Valuta häufig wohl erst geraume Zeit später aus dem Notaranderkonto nach der Beurkundung des Darlehens erfolgt sein.[287]

Die Werbung mit „kostenloser Beratung" oder „kostenloser Vermittlung" ist, wie oben[288] aufgezeigt, unzulässig, weil der Makler bis zum Abschluß eines Kre-

---

280 Siehe oben, S. 69/70.
281 Siehe oben, S. 70.
282 Ebd.
283 Ebd.
284 Siehe oben, S. 33.
285 Siehe oben, S. 70/71.
286 Scholz, Konsumentenkredit, S. 169.
287 Vgl. insoweit die BGH-Entscheidung WM 1992, S. 8 ff., insbes. S. 9, die in einem Rechtsstreit gegen die BRH ergangen war.
288 Siehe oben, S. 72/73.

ditbeschaffungsauftrages ohnehin unentgeltlich auftreten muß. Dieser Grundsatz der erfolgsabhängigen Tätigkeit, der seinen Niederschlag in § 652 BGB findet, wurde überdies noch teilweise in der Praxis von ritterschaftlichen Kreditvermittlern durch die unzulässige Vereinbarung erfolgsunabhängiger Provisionsklauseln umgangen.[289]

aa) Die Werbung mit „günstigen Kreditbedingungen"

(1) LEBU

„... Darlehen, Hypotheken deutscher Banken, zinsgünstig, seitens der Bank unkündbar. Wir helfen auch in schwierigen Fällen ...".[290]

(2) Wirtschaftsdienst Nord

„... Kredite ... auch bei Zwangsmaßnahmen ... beschaffen wir ... zinsgünstig ...".[291]

(3) ABI-Neubau Nord

„... vermittelt Darlehen und Kredite für ... Abwendung von Zwangsmaßnahmen ... zinsgünstig ...".[292]

(4) Klaus Harting, ehemals Inh. Beermann & Co.

„... Zinsgünstige Gelder ... daher niedrige Raten ... Kredite auch in schwierigen Fällen ...".[293]

(5) Helmut Igelmann

„... Zinsgünstige, langfristige Darlehen von deutschen Großbanken zur Abwendung von Zwangsmaßnahmen ...".[294]

---

289 Auf die erfolgsunabhängigen Provisionsklauseln wird in dem Abschnitt über die mögliche Nichtigkeit ritterschaftlicher Darlehensverträge gem. §§ 139, 138 BGB wegen sittenwidriger Kreditvermittlung noch näher einzugehen sein.
290 Feld & Wald, Ausg. 14/81, S. 65.
291 Feld & Wald, Ausg. 6/82, S. 65.
292 Feld & Wald, Ausg. 15/83, S. 28.
293 agrar praxis, Ausg. 6/84, S. 81.
294 Ebd.

(6) Reinhard Igelmann

„... Gelder für Ihren landwirtschaftlichen Betrieb. Zinsgünstig, ... Auch in schwierigen Fällen ...".[295]

(7) A.H. Graf von Hardenberg

„... Lösen wir Ihre Geldprobleme gemeinsam ... zinsgünstige langfr. Hypotheken ...".[296]

(8) A.F.G.

„Darlehen-Hypotheken-Kredite. Wir vermitteln zinsgünstig ... wir helfen auch in schwierigen Fällen ...".[297]

(9) Flammann

„... Sie rufen mich an, wenn Sie in Zahlungsschwierigkeiten sind, ... - Finanzierungsvermittlung - jeder Art für alle Fälle, auch bei Zwangsmaßnahmen. Günstige Bedingungen ...".[298]

(10) Von der Wense

„Geld
o zinsgünstig, langfristig
o für Landwirtschaft ...".[299]

(11) Beermann & Co.

„Geld
o zinsgünstig, langfristig
o für Landwirtschaften ... wird vermittelt...".[300]

---

295 Ebd.
296 Ebd., S. 80.
297 Land und Forst, Ausg. 18/85, S. 106.
298 Land und Forst, Ausg. 13/85, S. 126.
299 Feld & Wald, Ausg. 14/81, S. 65.
300 Feld & Wald, Ausg. 6/82, S. 65.

(12) GIVG

„... Finanzierungen über Schweizer Lebensversicherungen; einmalig günstiger Zinssatz ...“.[301]

(13) GEFINA

„Bankkredite
  o Hypotheken vermitteln wir ... zu günstigen Konditionen...“.[302]

(14) Otte-Agrar-Consult

„Vermittlung von ... Krediten mit günstigen Zinsen ...“.[303]

bb) Die Werbung mit „günstigen Baudarlehen“

(1) Von der Wense

„Geld o zinsgünstig ...
  o für ... Wohnhäuser ...“.[304]

(2) Beermann & Co.

„Geld
  o zinsgünstig ...
  o für ... Wohnhäuser ...“.[305]

(3) Helmut Igelmann

„... zinsgünstige ... Anschaffungsdarlehen für ... Bau von Häusern und Stallungen ...“.[306]

---

301 agrar praxis, Ausg. 6/84, S. 80.
302 Land und Forst, Ausg. 13/85, S. 126.
303 Land und Forst, Ausg. 18/85, S. 106.
304 Feld & Wald, Ausg. 14/81, S. 65.
305 Feld & Wald, Ausg. 6/82, S. 65.
306 Feld & Wald, Ausg. 15/83, S. 28.

(4) ABI - Neubau Nord

„... vermittelt Darlehen ... für Investitionen ... Agrar- und Bau- und Industriefinanzberatung ...“.[307]

(5) Klaus Harting, ehemals Inh. Beermann & Co.

„... Zinsgünstige Gelder ... für alle Anschaffungen ...“.[308]

(6) A.H. Graf von Hardenberg

„... zinsgünstige, langfristige Hypotheken ... für ... Bauten, ...“.[309]

cc) Die Werbung mit „Umschuldungen“ und „Ablösen von Altschulden“

(1) Von der Wense

„... Ablösung kurzfristiger, hochverzinslicher Finanzierungen ...“.[310]
„Wir vermitteln ... Umschuldungen ...“.[311]

(2) LEBU

„... Ablösung von Wechselschulden und hochverzinslichen Verbindlichkeiten ...“.[312]

(3) Wirtschaftsdienst Nord

„... Kredite ... zur Ablösung von Wechselschulden und hochverzinslichen, kurzfristigen Verbindlichkeiten ...“.[313]

(4) ABI - Neubau Nord

„... vermittelt Darlehen ... für ... Ablösung hochverzinslicher Verbindlichkeiten ...“.[314]

307 Ebd.
308 agrar praxis, Ausg. 6/84, S. 81.
309 Ebd., S. 80.
310 Feld & Wald, Ausg. 14/81, S. 65.
311 agrar praxis, Ausg. 6/84, S. 80.
312 Feld & Wald, Ausg. 14/81, S. 65.
313 Feld & Wald, Ausg. 6/82, S. 65.
314 Feld & Wald, Ausg. 15/83, S. 28.

(5) A.H. Graf von Hardenberg

„... Wir beschaffen Ihnen kurzfristig die Gelder ... Auch zur Ablösung hochverzinslicher Verbindlichkeiten ...“.[315]

(6) Helmut Igelmann

„... Kredite ... zur Ablösung von Wechselschulden und hochverzinslichen, kurzfristigen Verbindlichkeiten ...“.[316]

(7) A.F.G.

„... Wir vermitteln zinsgünstig ... Umschuldungen ...“.[317]

(8) Otte-Agrar-Consult

„... Betriebswirtschaftlich fundierte Beratung
o bei ... Umschuldungen ... Vermittlung von
o Darlehen ...“.[318]

(9) Verwold

„... Wir fassen alle Schulden zusammen, und Sie haben dann nur noch ein Darlehen zu bedienen ...“.[319]

dd) Die Werbung mit „Hausbesuchen“

Von der Wense
„... kurzfristiger Besuch und Kreditentscheidung ... Fordern Sie unseren 1. kostenlosen Besuch an ...“.[320]

---

315 Ebd.
316 agrar praxis, Ausg. 6/84, S. 81.
317 Land und Forst, Ausg. 18/85, S. 106.
318 Ebd.
319 agrar praxis, Ausg. 5/85, S. 119.
320 Feld & Wald, Ausg. 14/81, S. 65.

ee) Die Werbung mit „Sofortkredit“

(1) Helmut Igelmann

„„... Kredite deutscher Großbanken sofort zur Ablösung ...“.[321]

(2) Wirtschaftsdienst Nord

„„... Kredite deutscher Großbanken sofort zur Ablösung“ ...“.[322]

(3) Krantz

„„... Sofortkredite - von heute auf morgen ...“.[323]

ff) Die Werbung mit „kostenloser Beratung“ oder „kostenloser Vermittlung“

(1) LEBU

„„... Vermittlung von Krediten ... Keine Vorkosten ...“.[324]

(2) Reinhard Igelmann

„„... ohne Vorkosten vermittelt ...“.[325]

(3) A.H. Graf von Hardenberg

„„... Ich bin ... Finanzberater ... keine Vorkosten...“.[326]

(4) Helmut Igelmann

„„... Keine Vorkosten ... Fachleute ... stehen zur Beratung zur Verfügung...“.[327]

---

321 agrar praxis, Ausg. 5/85, S. 119.
322 Land und Forst, Ausg. 41/84, S. 94.
323 Land und Forst, Ausg. 35/78, S. 98.
324 agrar praxis, Ausg. 7/84, S. 90.
325 Ebd.
326 Ebd.
327 agrar praxis, Ausg. 6/84, S. 81.

(5) ABI-Finanzberatung

„... vermittelt Darlehen und Kredite
... keine Vorkosten - fach- und sachgerechte Beratung
...“.[328]

(6) Von der Wense

„... Beratung mit nachhaltiger Betreuung
... Fordern Sie unseren 1. kostenlosen Besuch an
...“.[329]

(7) Wirtschaftsdienst Nord

„... Wir beraten Sie fach- und sachgerecht. Keine Vorkosten ...“.[330]

(8) Krantz

„Wir vermitteln ... Kredite ... Keine Vorkosten ...“.[331]

gg) Die Werbung „ohne Vermittlerhinweis“

(1) Helmut Igelmann

„Agrarfinanzierungen

Kredite deutscher Großbanken sofort zur Ablösung von Wechselschulden und hochverzinsl. kurzfr. Verbindlichkeiten auch bei Zwangsmaßnahmen.

Zinsgünstige, langfristige Darlehen von deutschen Großbanken zur Abwendung von Zwangsmaßnahmen.

Fachleute mit landw. Kenntnissen stehen zur Beratung zur Verfügung ...“.[332]

(2) A.H. Graf von Hardenberg

„Sie sind Landwirt. Ich bin Landwirt und Finanzberater. Lösen wir Ihre Geldprobleme gemeinsam - fachmännisch, schnell, diskret, unbürokratisch:

---

328 Land und Forst, Ausg. 11/84, S. 103.
329 Feld & Wald, Ausg. 14/81, S. 65.
330 Land und Forst, Ausg. 35/78, S. 98.
331 Ebd.
332 agrar praxis, Ausg. 5/85, S. 119.

Ich liefere ein Finanzierungsmodell mit 3% p.a. in besonderen Fällen.
Wir wollen, daß Sie flüssig bleiben. Finanzen sind Vertrauenssache ...".[333]

(3) A.H. Graf von Hardenberg

„Sie sind Landwirt. Ich bin Landwirt und Finanzberater. Lösen wir Ihre Geldprobleme gemeinsam - fachmännisch, schnell, diskret, unbürokratisch:

o kurzfristige Verbindlichkeiten, auch bei „Zwang".
o zinsgünstige, langfristige Hypotheken, u.U. Zinsen 4,5%. Tilgung 1%.
o Zwischenfinanzierungen sowie Verlängerung.
o Investitionsdarlehen für Maschinen, Vieh, Bauten.
o keine Vorkosten.
Wir wollen, daß Sie flüssig bleiben.
Finanzen sind Vertrauenssache:
...".[334]

(4) A.H. Graf von Hardenberg

„Sie sind Landwirt. Ich bin Landwirt und Finanzberater. Lösen wir Ihre Geldprobleme gemeinsam - fachmännisch, schnell, diskret, unbürokratisch:

o kurzfristige Verbindlichkeiten, auch bei „Zwang",
o zinsgünstige, langfr. Hypotheken, u.U. Zinsen 4,75% p.a., Tilgung 1%,
o Zwischenfinanzierungen sowie Verlängerung,
o Investitionsdarlehen für Maschinen, Vieh, Bauten,
o keine Vorkosten.
Wir wollen, daß Sie flüssig bleiben.
Finanzen sind Vertrauenssache
...".[335]

(5) A.H. Graf von Hardenberg

„Sie sind Landwirt. Ich bin Landwirt und Finanzberater. Lösen wir Ihre Geldprobleme gemeinsam - fachmännisch, schnell, diskret, unbürokratisch:

o kurzfristige Verbindlichkeiten, auch bei „Zwang".
o zinsgünstige, langfr. Hypotheken.
o Zwischenfinanzierungen sowie Verlängerung.

---

333 Bauernblatt Schleswig-Holstein, Ausg. v. 26.01.1985, S. 73.
334 Land und Forst, Ausg. 41/84, S. 94.
335 agrar praxis, Ausg. 6/84, S. 80.

o Investitionsdarlehen für Maschinen, Vieh, Bauten.
o keine Vorkosten.
Wir wollen, daß Sie flüssig bleiben.
Finanzen sind Vertrauenssache:
...".[336]

(6) Von der Wense

„Geld * zinsgünstig langfristig
* für Landwirtschaft, Wohnhäuser, Gewerbebetriebe
* Laufzeiten 12, 20, 30 Jahre
o Ablösung kurzfristiger, hochverzinsl. Finanzierungen sowie Händerverbindlichkeiten
o Kauf von Vieh, Maschinen, Land, Gebäuden
o Kurzfristiger Besuch und Kreditentscheidung mit betrieblicher Fachberatung
Beratung mit nachhaltiger Betreuung unter Wahrung des Bankgeheimnisses. Fordern Sie unseren 1. kostenlosen Besuch an
...".[337]

(7) H.G. Kohlmeyer

„Barkredite, Hypotheken, Umschuldungen, langfristige, zinsgünstige Darlehen für jeden Zweck, auch bei Zwangsmaßnahmen. Schnelle Auszahlung. Diskrete fachliche Beratung
...".[338]

(8) GIVG

„Finanzierungen über Schweizer Lebensversicherungen; einmalig günstiger Zinssatz, 5,5% bei 98% Auszahlung, Mindestbetrag 500.000 SfR. Schreiben Sie uns! Wir beraten Sie diskret!
...".[339]

---

336 Land und Forst, Ausg. 11/84, S. 102.
337 Feld & Wald, Ausg. 14/81, S. 65.
338 Land und Forst, Ausg. 35/78, S. 98.
339 agrar praxis, Ausg. 6/84, S. 80.

(9) Ohne Namens- oder Firmennennung

„Umschuldung-Finanzierung ab 5% Zi.
Abwendung jeder Zwangsversteigerung!
Keine Vorkosten! Wirtschaftsberatung
...“.[340]

hh) Die Werbung „ohne Angabe des Namens oder der Firma“

(1) Ohne Namens- oder Firmennennung

„Umschuldung-Finanzierung ab 5% Zi.
Abwendung jeder Zwangsversteigerung!
Keine Vorkosten! Wirtschaftsberatung
...“.[341]

(2) Ohne Namens- oder Firmennennung

„Finanzmakler (Bauernsohn) beschafft Ihnen Geld und Kapital in jeder Größenordnung und für jeden Zweck zu sehr günstigen Konditionen auch bei drohenden Zwangsmaßnahmen
...“.[342]

e) Wettbewerbswidrige Kreditumschuldungsvermittlungen

Wettbewerbswidrig ist schließlich noch, wie oben[343] schon ausgeführt, auch die tatsächliche Vermittlung von Umschuldungen, sofern der Makler keine entsprechende Zulassung nach dem RBerG besaß. Die Vermittlung von Umschuldungsfinanzierungen entsprach aber gängiger ritterschaftlicher Praxis.[344] Ob die Darlehensmakler im einzelnen die erforderliche Erlaubnis für die Besorgung fremder Rechtsangelegenheiten vorweisen konnten, erscheint zumindest fraglich, zumal das in der Kreditvermittlungspraxis unüblich ist.[345]

340 Land und Forst, Ausg. 35/78, S. 98.
341 Ebd.
342 Ebd.
343 Siehe oben, S. 74.
344 Vgl. die BGH-Entscheidungen WM 1992, 8 und WM 1993, 1323, die gegen die BRH ergangen waren. Siehe auch oben S. 27 ff., insbes. S. 31 ff.
345 Siehe oben, S. 82.

3. Die Rechtsfolgen möglicher Verstöße

Darlehensverträge, die im allgemeinen ohne vorhergehende Bestellung des Maklers und hier im besonderen durch dessen wettbewerbswidriges Auftreten zustande kamen, verstoßen, wie bereits dargelegt[346], gegen § 56 Abs. 1 Nr. 6 GewO und sind nach § 134 BGB nichtig. Der Verstoß landwirtschaftlicher Kreditgeschäfte gegen das Reisegewerbekreditvermittlungsverbot führt aber, wie ebenfalls aufgezeigt[347], zumindest für Geschäfte bis 1991, zur Nichtigkeit des jeweiligen Kreditvertrages. Die hier interessierenden ritterschaftlichen Hypothekendarlehensverträge resultierten aus den Jahren 1962-1987. Sie wären folglich, sofern auch die sonstigen oben genannten Voraussetzungen[348] erfüllt sind, insgesamt unwirksam.

C. Die Nichtigkeit der Kreditverträge gem. § 134 BGB i. V. m. Art. 1, § 1 RBerG wegen Durchführung unerlaubter Entschuldungshandlungen

I. Die einzelnen erlaubnispflichtigen Entschuldungshandlungen

1. Kreditumschuldungsvermittlungen

Einen weiteren Forschungsgegenstand bilden mögliche Verstöße ritterschaftlicher Kreditgeschäfte gegen Art. 1, § 1 RBerG. Im einzelnen wird deshalb zunächst der erlaubnispflichtige Charakter von Entschuldungshandlungen und deren praktische Bedeutung für ritterschaftliche Kredite aufgezeigt.

Den Anfang machen Kreditumschuldungsvermittlungen. Anhand der Rechtsprechung sind die einzelnen Voraussetzungen herauszuarbeiten, die der Vermittlung von Umschuldungsfinanzierungen das entscheidende Gewicht nach Art. 1, § 1 RBerG verleihen.

So hatte im Fall des OLG Stuttgart[349] ein Kreditvermittler wie folgt in einer Anzeige geworben:

„Bargeld zur freien Verfügung für Arbeiter, Angestellte, Beamte, Hausfrauen, Rentner und Pensionäre. Umschuldung ihrer laufenden Verpflichtungen, Hypotheken- und Grundschulddarlehen für Hausbesitzer vermittelt seit 1956 ...“.

346 Siehe oben, S. 65.
347 Siehe oben, S. 76 ff., insbes. S. 78/79.
348 Siehe oben, S. 57 ff.
349 OLG Stuttgart WRP 1977, 513 ff.

Nach Auffassung des Gerichts geht die Leserschaft hier davon aus, daß der Finanzmakler nicht bloß Kredite vermittelt, sondern auch die für die Konsolidierung der Schulden notwendigen Verhandlungen mit Alt- und Neugläubigern führt sowie erforderliche Vereinbarungen trifft.[350]

Die angesprochenen Verkehrskreise erwarten vom Gewerbetreibenden ferner eine sachgerechte Ermittlung des Kontostandes der einzelnen Kredite, eine Klärung, unter welchen Voraussetzungen eine Ablösung möglich ist (ob es einer Kündigung oder eines Aufhebungsvertrages bedarf), Klärung, welche eventuellen finanziellen Nachteile sich aus einer vorzeitigen Kreditrückzahlung ergeben können und welche Sicherheiten bei einer Kreditablösung vielleicht nicht mehr benötigt werden. Schließlich bleibt auch noch zu prüfen, ob der Kreditschuldner für sonstige Verpflichtungen gegenüber Angehörigen, Lieferanten und Abnehmern nach wie vor zu haften hat. Sind zudem eine Mehrzahl von Darlehen der verschiedensten Art umzuschulden, können umfangreiche wirtschaftliche und rechtliche Überlegungen notwendig sein. Das gilt vor allem bei Kreditnehmern, deren Kredit- und Vermögensverhältnisse so schlecht sind, daß sie von ihrer Bank oder ihrem bisherigen Geldgeber keinen zusätzlichen Kredit mehr erhalten und daher ein starkes Interesse für das Kreditangebot von Finanzierungsvermittlern haben. Dem solchermaßen kreditbedürftigen Publikum kommt es dabei vorrangig auf die Sanierung mehrerer notleidend gewordener Kredite an.[351]

Ähnlich noch das OLG Hamburg[352]. In dem entschiedenen Fall inserierte der Finanzmakler wie folgt:

„Hohe Kredite für Angestellte und Selbständige (auch Härtefälle). Langfristige Kredite für Beamte und Zeitsoldaten. Vermittlung von Hausfrauenkrediten und Darlehen für Rentner. Beschaffung von Grundschulddarlehen und Hypotheken sowie Umschuldungen schnellstens.“

Das OLG erblickt in dieser Form der Vermittlung rechtliche Tätigkeiten, sofern in ihrem Zusammenhang Rechtsauskünfte gegeben werden. So etwa bei der Auflösung bestehender Kreditverträge und der Regelung der daraus valutierenden Verpflichtungen, bei Beratungen über die Konditionen des vermittelten Kredits und über eine Umschichtung der Kredite, bei der Zusammenfassung in einen neuen Kredit und der Bewältigung aller damit verbundenen rechtlichen Probleme, bei der Beratung über die Schwierigkeiten der Vermögenslage des Kreditnehmers und dem Eintritt in eine alle rechtlichen Aspekte mitumfassenden Sanierungstätigkeit.[353]

---

350 Ebd., S. 514.
351 Ebd.
352 OLG Hamburg WRP 1979, 138, 139.
353 Ebd. Nach einer neuen Entscheidung des BGH sind Beratungen, die auf die Abänderung oder Ablösung und damit Umgestaltung fremder Rechtsverhältnisse zielen, stets erlaubnispflichtiger Natur; vgl. BGH NJW 1995, 3122, 3123. Das würde aber

Speziell die Beratungen im Zuge von Umschuldungen konzentrieren sich nicht nur auf den zu vermittelnden Kredit und den zugrunde liegenden Vertragsinhalt, sondern auf eine Beseitigung der für den Kunden undurchsichtigen vertraglichen und insofern rechtlichen Beziehungen, weshalb jede Beratung zugleich eine Rechtsberatung beinhaltet.[354]

Mit der Meinung des OLG Hamburg und des OLG Stuttgart gehen auch das OLG Nürnberg[355], das OLG München[356], das OLG Hamm[357] und das OLG Köln[358] sowie die unveröffentlichten Entscheidungen des LG Hamburg[359], des LG Frankfurt[360] sowie des LG Itzehoe[361] konform.[362]

Eine Kreditumschuldungsvermittlung ist ferner dann erlaubnispflichtiger Natur, wenn der Kreditvermittler eine umfassende Hilfestellung bei der Umfinanzierung der Schuldnerverbindlichkeiten anbietet, indem er für seine Kunden die Bürgschaft[363] bei der kreditgewährenden Bank übernimmt. Die Bürgschaftsübernahme setzt voraus, daß eine „normale" Weiterführung des Kreditverhältnisses nicht mehr gewährleistet ist. Aus diesem Grund muß der Umschulder in Auseinandersetzung mit den Gläubigern rechtsgestaltend vorgehen, wodurch die Bürgschaft ein Teil der Rechtsbesorgungsangelegenheit wird.[364] Das trifft ebenfalls auf die Tätigkeit des Kreditvermittlers zu, der mit der Abgabe des Bürgschaftsversprechens eine Schuldenregulierung des Kreditnehmers erreichen will, beispielsweise wenn die Bürgschaftsübernahme im Rahmen der Umschuldung zur Vorbereitung einer Stundungs-, Ratenzahlungs-, Vergleichs- oder Erlaßvereinbarung dient.[365]

---

auch auf Umschuldungsberatungen zutreffen, zumal sie regelmäßig auf die Ablösung alter Kreditverträge gerichtet sind.

354 OLG Hamburg, ebd.

355 OLG Nürnberg WRP 1981, 52.

356 OLG München WRP 1978, 560.

357 OLG Hamm WRP 1983, 221.

358 OLG Köln NJW-RR 1990, 1383.

359 LG Hamburg, Az. 66 O 35/78, S. 6 ff.

360 LG Frankfurt/Main, Az. 3/8 O 219/88, S. 3 ff.

361 LG Itzehoe, Az. 6 O 18/94, S. 19 ff.

362 Vgl. auch noch OLG Hamburg BB 1982, 822 ff. Die Entscheidung betraf allerdings die erlaubnisfreie Werbung einer Bank für Umschuldungskredite.

363 OLG Saarbrücken MDR 1969, 415, 416; AnwBl. 1967, 29, 30; AG Heidelberg AnwBl. 1969, 64. Zu einer noch weitergehenden Hilfeleistung eines Finanzmaklers, der im Rahmen einer Kreditumschuldungsvermittlung Bürgschaftsversprechen abgab sowie Grundschuldbestellungen und -abtretungen vornahm, um einen Betrieb zu sanieren, wird noch später im Kapitel über Betriebssanierungen einzugehen sein.

364 OLG Saarbrücken MDR 1969, 415, 416.

365 OLG Saarbrücken MDR 1969, 415, 416; AnwBl. 1967, 29, 30; AG Heidelberg AnwBl. 1969, 64. Zur Herbeiführung eines außergerichtlichen Vergleichs im Rahmen einer Umschuldung und zu Schuldenregulierungen allgemein sogleich.

Das LG Hannover[366] sah schließlich noch eine Rechtsberatungstätigkeit darin, daß der Kreditvermittler von sich aus Kunden auf die Sittenwidrigkeit von ihm vermittelter und bereits abgewickelter Kreditverträge hinwies.

2. *Schuldenregulierungen*

a) Die einzelnen erlaubnispflichtigen Schuldenregulierungstätigkeiten

Zu den einzelnen nach dem RBerG erlaubnispflichtigen Schuldenregulierungen[367] zählen insbesondere Tätigkeiten bei Vergleichsvereinbarungen. Zu nennen sind hier die Unterbreitung von Vergleichsvorschlägen[368] einschließlich der Durchführung von Vergleichsverhandlungen[369] im engeren Sinne[370] mit Gläubigern, das Anstreben eines außergerichtlichen Vergleichs[371], auch im Rahmen einer Umschuldung[372], der Abschluß von Stundungs- und Ratenzahlungsvergleichen[373] sowie die Beantragung eines Vergleichs bei Gericht[374], dessen schuldhafte Verzögerung mit Rechtsnachteilen verbunden ist.[375]

Des weiteren zu erwähnen sind Verhandlungen mit Gläubigern über Stundungen[376], Ratenzahlungen[377], Zahlungsaufschübe[378] und Forderungsnachlässe[379],

---

366 LG Hannover WM 1987, 1218, Leitsatz 1.

367 Vgl. allgemein zu rechtsbesorgenden Schuldenregulierungen BAG NJW 1993,2701, 2702; Bay.ObLG NJW 1991, 1190, 1191. Zur Sittenwidrigkeit eines Schuldenregulierungsvertrages vgl. AG Cottbus VuR 1997, 316. Im dortigen Fall begehrte ein Kunde die Vermittlung eines Kredits , ihm wurde jedoch die Provision für die Vermittlung eines Schuldenregulierungsvertrages in Rechnung gestellt.

368 OLG Hamm BB 1994, 1107.

369 OLG München RBeistand 1991, 92; LG Traunstein RBeistand 1989, 159; siehe auch DAV AnwBl. 1965, 75.

370 Vgl. OLG Hamm BB 1994, 1107.

371 OLG Karlsruhe AnwBl. 1985, 323, 324.

372 OLG Saarbrücken MDR 1969, 415, 416.

373 OLG Köln AnwBl. 1960, 203/204.

374 LG Hamburg AnwBl. 1954, 52; vgl. auch LG Köln AnwBl. 1960, 61, 62.

375 BGH MDR 1970, 656; OLG Hamm MDR 1989, 258.

376 BGH WM 1982, 187; MDR 1970, 656; OLG Karlsruhe AnwBl. 1985, 323, 325; OLG Saarbrücken AnwBl. 1967, 29, 30; OLG Köln AnwBl. 1960, 203; OLG Dresden DJ 1939, 927; LG Berlin VuR 1993, 282, 283; LG Hamburg AnwBl. 1969, 143, 144; LG Saarbrücken AnwBl. 1964, 25; LG Aschaffenburg AnwBl. 1964, 328; LG Kiel NJW 1963, 2175, 2176; LG Köln AnwBl. 1960, 61, 62; AG Wiesbaden AnwBl. 1969, 216; AG Heidelberg AnwBl. 1969, 64; AG Baden-Baden AnwBl. 1962, 52; vgl. auch OLG Hamburg DStR 37, 436, zit. nach LG Köln AnwBl. 1960, 61, 62.

377 BGH WM 1982, 187; MDR 1970, 656, 657; OLG Karlsruhe AnwBl. 1985, 323, 324; OLG Saarbrücken AnwBl. 1967, 29, 30; OLG Köln AnwBl. 1960, 203; OLG

die Vermittlung von Stillhalteabkommen[380], die Erstellung von Finanzierungskonzepten[381], der Abschluß von Schuldenregulierungsverträgen[382] und allgemein die Aufklärung bzw. Beratung in Kredit- und Hypothekenangelegenheiten sowie bei finanziellen Schwierigkeiten.[383]

b) Die jeweiligen Rechtshandlungen der Schuldenregulierungstätigkeiten

Der Schuldenregulierer kann seinen Beruf sowohl rechtsbesorgend im Verhältnis zu den Gläubigern seines Auftraggebers als auch rechtsberatend im Verhältnis zu seinem Auftraggeber ausüben.[384] Als Rechtshandlungen i.S.d. Art. 1 § 1 RBerG werden daher insbesondere angesehen: Die Beachtung der gesetzlichen Vorschriften über die Pfändungsfreigrenzen und den Vollstreckungsschutz[385], die Ermittlung des pfändungsfreien Betrages[386] und das Inkasso des pfändbaren Einkommens mit Hilfe einer Abtretung zur Begleichung der Verbindlichkeiten des Schuldners[387], das Einwirken auf Gläubiger, keine Zwangsvollstreckungsmaßnahmen zu betreiben[388], das Analysieren laufender Kreditverpflichtungen, die Klärung von Stundungs- und Erlaßmöglichkeiten sowie das Anstellen von Überlegungen, welche Verbindlichkeiten als erste zu bedienen sind[389] und welcher

---

Dresden DJ 1939, 927; LG Hamburg AnwBl. 1969, 143, 144; LG Aschaffenburg AnwBl. 1964, 328; LG Saarbrücken AnwBl. 1964, 25; LG Kiel NJW 1963, 2175, 2176; LG Köln AnwBl. 1960, 61, 62; AG Wiesbaden AnwBl. 1969, 216.

378 LG Saarbrücken AnwBl. 1964, 25; LG Köln AnwBl. 1960, 61.

379 OLG Karlsruhe AnwBl. 1985, 323, 324; LG Berlin VuR 1993, 282, 283; LG Aschaffenburg AnwBl. 1964, 328; AG Heidelberg AnwBl. 1969, 64.

380 AG Baden-Baden AnwBl. 1962, 52.

381 LG Berlin VuR 1993, 282, 283.

382 BGH NJW 1987, 3003; WM 1982, 187; MDR 1970, 656/657; LAG Hamm NZA 1992, 905; OLG Hamm MDR 1989, 258; OLG Karlsruhe AnwBl. 1985, 323; OLG Frankfurt/Main AnwBl. 1979, 486; OLG Dresden DJ 1939, 927; LG Kiel NJW 1963, 2175, 2176; vgl. auch LG Berlin, Az. 15 O 1334/92, S. 6, insoweit nicht abgedruckt in VuR 1993, 282 ff. sowie OLG Köln AnwBl. 1960, 203; LG Köln AnwBl. 1960, 61 und AG Heidelberg AnwBl. 1969, 64.

383 OLG Schleswig AnwBl. 1989, 245.

384 BGH MDR 1970, 656, 657; vgl. auch OLG Karlsruhe AnwBl. 1985, 323, 324.

385 BGH MDR 1970, 656; OLG Hamm MDR 1989, 258.

386 OLG Köln AnwBl. 1960, 203; LG Kiel NJW 1963, 2175, 2176.

387 LAG Hamm NZA 1992, 905, 906.

388 BGH WM 1982, 187; MDR 1970, 656, 657; OLG Karlsruhe AnwBl. 1985, 323, 325; OLG Saarbrücken MDR 1969, 415, 416; LG Kiel NJW 1963, 2175, 2176; LG Hamburg AnwBl. 1954, 52; AG Baden-Baden AnwBl. 1962, 52; vgl. auch OLG Köln AnwBl. 1960, 203/204 und OLG Frankfurt/Main AnwBl. 1979, 486, 487.

389 LG Berlin VuR 1993, 282, 283.

Gläubiger gegebenenfalls auf seine Forderung verzichten soll.[390] Die letzte Erwägung bedarf insoweit der Berücksichtigung rechtlicher Aspekte, als nach der älteren Schuld, nach bereits bestehenden Verzug und nach den Verzugsfolgen zu fragen ist.[391] Zu nennen ist auch der Versuch, die Gläubiger zu bewegen, sich - zumindest stillschweigend - mit geänderten Zahlungsbedingungen abzufinden, die für den Schuldner annehmbarer sind[392], sei es durch einen Forderungserlaß, eine Pauschalabfindung, einen Vergleich, ermäßigte Raten, Teilstundungen oder zumindest durch ein zeitlich befristetes Stillhalten[393], dem Schuldner folglich die Geldsorgen abzunehmen, insofern als seine Verpflichtungen seinem Einkommen entsprechend angeglichen werden.[394] Erlaubnispflichtig sind weiter die treuhänderische Verwaltung der Schulden[395], die Mitteilungen an die Gläubiger darüber, daß der Schuldner einen Schuldenregulierungsvertrag unterzeichnete, in welcher Höhe Schulden vorhanden sind und welchen Anteil die Gläubiger an den vom Schuldner aufzubringenden Raten erhalten sollen.[396] Ebenso die Erstellung eines Tilgungsplans, mit dessen Hilfe die regelmäßigen Zahlungen des Schuldners an den Regulierer den jeweiligen Gläubigern zugute kommen[397], auch wenn der Schuldensanierer gelegentlich Beträge des Schuldners aus Eigenmitteln verauslagt oder die Gläubiger die Hingabe von Kreditsicherungen zur Bedingung für ihr Einverständnis mit der finanziellen Bereinigung machen, die zudem an den Schuldenregulierer treuhänderisch abgetreten oder übereignet werden.[398]

Die Rechtsbesorgung der Schuldenregulierung liegt insbesondere darin, daß das Einwirken auf die Gläubiger die Durchsetzung ihrer vertraglichen Ansprüche aufzugeben und sich mit geringeren Zahlungen zufrieden zu geben, die zwischen Gläubiger und Schuldner bestehenden Vertragsverhältnisse abändert und damit rechtsverbindlich gestaltet.[399] Hieran ändert auch die formelle Zwischenschaltung eines Rechtsanwaltes oder Rechtsbeistandes als Erfüllungsgehilfe des Schuldenregulierers nichts, auch wenn dessen Honorar vom Entschulder beglichen wird, sofern letzterer der eigentliche „Herr des Verfahrens" bleibt.[400]

---

390 LG Kiel NJW 1963, 2175, 2176.
391 Ebd.
392 BGH WM 1982, 187; MDR 1970, 656/657; OLG Hamm MDR 1989, 258; OLG Schleswig AnwBl. 1989, 245; OLG Karlsruhe AnwBl. 1985, 323, 324/325.
393 BGH WM 1982, 187; OLG Karlsruhe AnwBl. 1985, 323, 324/325; OLG Dresden DJ 1939, 927.
394 LG Kiel NJW 1963, 2175, 2176.
395 OLG Frankfurt/Main AnwBl. 1979, 486, 487.
396 BGH WM 1982, 187; OLG Dresden DJ 1939, 927.
397 BGH NJW 1987, 3003/3004; WM 1982, 187; OLG Dresden DJ 1939, 927.
398 OLG Dresden, ebd.
399 BGH MDR 1970, 656/657; vgl. auch OLG Frankfurt/Main AnwBl. 1979, 486, 487.
400 BGH NJW 1987, 3003/3004; OLG Frankfurt/Main AnwBl. 1979, 486, 487; vgl. auch LG Berlin VuR 1993, 282, 283 und OLG Karlsruhe AnwBl. 1985, 323, 324.

Eine Rechtsberatung findet bei Schuldenregulierungen vor allem dadurch statt, daß der Schuldner umfassend über seine finanziellen Schwierigkeiten beraten wird, um eine Sanierung seiner Verpflichtungen zu erreichen.[401] Dabei braucht sich die Beratung nicht nur auf eine Reduzierung seiner Belastungen zu beziehen, sondern kann auch darauf gerichtet sein, ihn vor der Realisierung nicht bestehender Forderungen zu bewahren.[402] Eine Rechtsberatung ist aber auch schon in Anschreiben an Schuldner zu sehen, in denen der Schuldenregulierer seine Hoffnung zum Ausdruck bringt, daß die Gläubiger bei fristgerechten Zahlungen des Schuldners auf Mahnungen und Vollstreckungsmaßnahmen verzichten und der Schuldenregulierer überdies seinen Kunden bittet, Abschriften des Anschreibens an die Gläubiger zu übermitteln.[403] Derartige Schreiben fördern unmittelbar konkrete fremde Rechtsangelegenheiten hin zu einem gewissen Abschluß, anders als z.B. allgemeine Rechtsbelehrungen in Aufsätzen.[404] Von einer erlaubnispflichtigen Schuldenregulierung zu unterscheiden, sind überdies die reine Schuldenaufstellung[405] und die bloße Weitergabe eines vom Auftraggeber des Schuldenregulierers angefertigten Tatsachenberichts.[406] Schlußendlich ist auch eine an sich unter das RBerG fallende Schuldenregulierung erlaubnisfrei, wenn sie aus reiner Gefälligkeit in einer einmaligen wirtschaftlichen Notsituation geschieht, in welcher einem befreundeten Schuldner Hilfe geleistet wird, der zur Zahlung von Wirtschafts- und Rechtsberatungskosten nicht in der Lage ist.[407]

3. Betriebssanierungen

Die geschäftsmäßige Sanierung von Betrieben stellt ebenfalls eine Erledigung fremder Rechtsangelegenheiten dar. Das trifft auf einen Betriebsberater zu, dessen Aufgabe es ist, Stillhalteabkommen zwischen Gläubiger und Schuldner in die Wege zu leiten[408] und auf ein Finanzierungsunternehmen, welches sich neben der Vermittlung von Stillhalteabkommen auf die Beschaffung von Krediten konzentriert.[409] Hierunter fällt im übrigen die Vermittlung einer Umschuldung zum Zweck der Betriebssanierung, vornehmlich dann, wenn der Kreditmakler eine umfangreiche Hilfeleistung bei der Kreditvergabe anbietet, so wenn er ein Bürg-

---

401 OLG Schleswig AnwBl. 1989, 245.
402 Ebd.
403 BGH MDR 1970, 656, 657.
404 Ebd.
405 LG Berlin VuR 1993, 282, 283.
406 BGH NJW 1987, 3003, 3004; NJW 1985, 1223, 1224.
407 OLG Karlsruhe AnwBl. 1989, 244.
408 AG Baden-Baden AnwBl. 1962, 52.
409 LG Hamburg AnwBl. 1969, 143/144.

schaftsversprechen gegenüber dem kreditgewährenden Institut abgibt und eigene Grundschulden an den Grundstücken des Schuldners der Bank abtritt oder zumindest den Grundpfandrechten des Geldhauses den Vorrang vor den eigenen Grundpfandrechten einräumt, um eine Bereinigung notleidender Darlehen zu ermöglichen.[410] Eine Rechtsbesorgung wird auch bei der Übernahme von Verhandlungen mit Kreditgläubigern angenommen, um deren Befriedigung bzw. eine Rückführung ihrer Gelder hinauszuzögern.[411]

Das gilt ebenfalls für die außergerichtliche Schuldenreduzierung, also in erster Linie für die Stundung, Herabsetzung und den Erlaß von Verbindlichkeiten[412] sowie das Herbeiführen eines außergerichtlichen Vergleichs.[413] Ferner trifft dieses bei einem Sanierungsversuch für Verhandlungen mit Gläubigern zu, deren Zustimmung zu einem Zwangsvergleich nach den §§ 173 ff. KO erreicht werden soll[414] und für Vorkehrungen, die auf eine Vermeidung von Konkurs und Zwangsvollstreckung abzielen.[415]

II. Die Rechtsfolgen unerlaubter Entschuldungshandlungen

In der Kreditpraxis werden Entschuldungshandlungen bekanntlich häufig ohne Erlaubnis nach dem RBerG durchgeführt.[416]

Die zivilrechtlichen Folgen unerlaubt durchgeführter Entschuldungstätigkeiten hängen von der Einordnung des Art. 1, § 1 RBerG als Verbotsgesetz ab.

Der BGH ließ die Einordnung als Verbotsgesetz mit Nichtigkeitsfolge zunächst offen[417], bejahte sie jedoch in seinen späteren Entscheidungen.[418]

Zur Ermittlung eines Verbotsgesetzes ist nach seiner Ansicht entscheidend auf den Schutzzweck des Gesetzes abzustellen.[419] Das Rechtsberatungsgesetz ist auch, aber nicht in erster Linie, im Interesse einer zuverlässigen Rechtspflege und

---

410 LG Itzehoe, Az. 6 O 18/94, S. 19 ff., insbes. S. 24 ff.

411 OLG Frankfurt WRP 1983, 211, 212.

412 BGH AnwBl. 1988, 490, 491; MDR 1970, 656; NJW 1967, 1558, 1561; NJW 1962, 807; MDR 1962, 396; OLG Frankfurt WRP 1983, 211, 212.

413 BGH AnwBl. 1988, 490, 491; NJW 1967, 1558, 1561; MDR 1962, 396; LG Itzehoe NJW 1963, 210, 211; vgl. auch BGH MDR 1970, 656 und NJW 1962, 2010.

414 OLG Frankfurt/Main WRP 1983, 211, 212.

415 Ebd.

416 Siehe oben, S. 82, speziell für Kreditumschuldungsvermittlungen.

417 So in BGH Z 7, 371, 377; 36, 321.

418 So in BGH NJW 1962, 2010; NJW 1967, 1759, 1760; NJW 1974, 50; BB 1974, 667; NJW 1977, 38; WM 1977, 72; NJW 1978, 322, 323; VersR 1978, 1041; NJW-RR 1994, 1081, 1083.

419 BGH NJW 1977, 38, 39.

damit zum Schutz staatlicher Belange und der Allgemeinheit erlassen worden.[420] Es kommt vielmehr den Interessen der Anwaltschaft zugute, um ihren Betätigungsbereich gegenüber Personen abzugrenzen, die bis zum Erlaß des Gesetzes keinen vergleichbaren berufs-, standes- und gebührenrechtlichen Beschränkungen unterlagen.[421] Um diesen Schutzzweck verwirklichen zu können, muß demzufolge Art. 1, § 1 RBerG als gesetzliches Verbot die Gesamtnichtigkeit des Vertrages zwischen dem unerlaubt handelnden Rechtsberater und seinem Auftraggeber erfassen.[422] Wird vom Berater verbotenerweise ein Kreditvertrag vermittelt, so erstreckt sich die Nichtigkeit auch auf diesen Vertrag.[423]

Eine derartige rechtliche Einheit zwischen dem Vertrag den der unerlaubt handelnde Rechtsbesorger mit seinem Auftraggeber schließt und den von ihm vermittelten Kreditvertrag nahm der BGH konkret in den sogenannten „Unfallhilfe"-Entscheidungen an[424]. Dort hatten die Banken in organisiertem Zusammenwirken mit anderen Beteiligten (Abschleppunternehmer, Mietwagenunternehmer, Rechtsanwälte) einen Prozeß durchgeführt, welcher das Unfallopfer komplett von der gesamten Schadensabwicklung entlastete[425]. So brachte der Abschleppunternehmer das beschädigte Fahrzeug zunächst zum Mietwagenunternehmer. Letzterer ließ dann vom Unfallopfer Kreditantragsformulare der Bank zur Zwischenfinanzierung eines neuen Autos bis zum Erhalt der Schadensersatzzahlung durch den Schädiger sowie den Mietvertrag und die Anwaltsvollmacht unterzeichnen. Das Verfahren zur Einziehung der Schadensersatzforderung mußte dabei genauso vonstatten gehen, wie die Bank es in ihren Kreditantragsformularen vorsah.[426] In seiner Entscheidung vom 17.03.1998[427], die in einem Rechtsstreit gegen die DG HYP erging und zwei von einer Maklerfirma vermittelte Kreditverträge des Braunschweigischen ritterschaftlichen Kreditinstituts betraf, verneinte der BGH hingegen eine Beteiligung des Kreditinstituts an möglichen Verstößen des Maklers gegen Art. 1, § 1 RBerG.

Für eine entsprechende Beteiligung genügt nach Auffassung dieser höchstrichterlichen Rechtsprechung jedenfalls nicht, daß das Vermittlungsbüro im konkreten Fall die Verbindung zum Bankhaus aufnahm und darüber hinaus ständig auf der Grundlage einer Provisionsregelung mit dem Geldinstitut bei der Ver-

---

420 BGH BB 1974, 667, 668.
421 BGH NJW 1962, 2010; NJW 1974, 50.
422 BGH VersR 1978, 1041; NJW 1977, 38, 40.
423 Ebd.
424 Ebd.
425 BGH WM 1998, 923, 924; Entholt-Laudien EWiR 1998, 511/512.
426 Entholt-Laudien, ebd.
427 BGH WM 1998, 923 ff.

mittlung von Krediten zusammenwirkte[428]. Etwas anderes hat das Gericht jedoch zumindest für den Fall offengelassen, daß sich die Zusammenarbeit zwischen Vermittler und Bank auf Kreditvermittlungen bezog, die als unerlaubte „Umschuldungsaktionen“ i. S. v. Art. 1, § 1 RBerG einzuordnen gewesen wären.[429] Hierfür fehlte es vorliegend an entsprechenden tatrichterlichen Feststellungen des Berufungsgerichts. Auch war sonst nichts diesbezügliches erkenntlich.

Es bleibt deshalb abzuwarten, ob eventuell weitere BGH-Entscheidungen eine entsprechende Klärung in diesem Punkt bringen können.

III. Die Bedeutung erlaubnispflichtiger Entschuldungshandlungen für die ritterschaftliche Kreditvermittlungspraxis

1. Übertragbarkeit der Rechtsprechungsaussagen auf ritterschaftliche Kreditvermittlungen

In der Kreditpraxis nehmen, wie oben aufgezeigt[430], Finanzmakler sehr häufig Kreditumschuldungsvermittlungen, Schuldenregulierungen und Betriebssanierungen vor. Vergleichbares dürfte sich offenbar auch für die Geschäfte ritterschaftlicher Kreditmakler sagen lassen. Die von ihnen vermittelte Kreditumschuldungen verfolgten wohl regelmäßig zudem den Zweck, die Schulden landwirtschaftlicher Kreditnehmer zu regulieren und ihre Höfe finanziell zu sanieren.[431] Folglich ist die oben dargelegte[432] Entschuldungsrechtsprechung insgesamt auf ritterschaftliche Vermittlungen übertragbar.

---

428 Ebd., S. 924/925.

429 Ebd., S. 925. Das übersieht Entholt-Laudien, a. a. O. (Fußn. 425), die im übrigen ebenfalls davon ausgeht, daß bei Beratungen im Zuge von Kreditumschuldungsvermittlungen häufig gegen das RBerG verstoßen wird; vgl. Entholt-Laudien, ebd., S. 512.

430 Siehe oben, S. 27 ff.

431 Vgl. nur die oben erwähnte Entscheidung des LG Itzehoe, Az. 6 O 18/94, S. 19 ff., insbes. S. 24 ff., speziell im Fall einer ritterschaftlichen Kreditgewährung, wo ein landwirtschaftlicher Betrieb im Rahmen einer Umschuldungsvermittlung saniert wurde. Hierin dürfte aber zugleich auch eine Schuldenregulierung gelegen haben. Im einzelnen hierzu sogleich noch näher.

432 Siehe oben, S. 93 ff.

2. *Einzelne in Betracht zu ziehende erlaubnispflichtige Entschuldungshandlungen*

a) Kreditumschuldungsvermittlungen

Ritterschaftliche Kreditumschuldungsvermittlungen dürften schon deshalb als erlaubnispflichtige Entschuldungshandlungen in Betracht kommen, zumal die Kreditvermittler den Landwirten in Zeitungsanzeigen bereits regelmäßig zugleich auch eine umfassende Beratung anboten. Eine Beratung im Rahmen einer Umfinanzierung ist aber, stets notwendig und untrennbar mit einer erlaubnispflichtigen Rechtsberatung verbunden.[433] Ein entsprechender Auszug aus den Annoncen soll hier deshalb zunächst wiedergegeben werden.

aa) Von der Wense

„... Kurzfristiger Besuch und Kreditentscheidung mit betrieblicher Fachberatung. Beratung mit nachhaltiger Betreuung unter Wahrung des Bankgeheimnisses ...“.[434]

bb) Wirtschaftsdienst Nord

„... Wir beraten Sie fach- und sachgerecht ...“.[435]

cc) Beermann & Co.

„... Beratung über Aufnahme zinsgünstiger, langfristiger Finanzierungen
... Betriebswirtschaftliche Beratung mit nachhaltiger Betreuung unter
Wahrung der Diskretion.
Fordern Sie unseren kurzfristigen unverbindlichen Rat! ...“.[436]

dd) Helmut Igelmann

„... - es wird geboten -
1. Eine gute Beratung ...

---

433 Siehe oben, S. 95.
434 Feld & Wald, Ausg. 14/81, S. 65.
435 Feld & Wald, Ausg. 6/82, S. 65.
436 Ebd.

Finanzierungsexperten mit langjähriger Erfahrung im landwirtschaftlichen Bereich stehen mit Rat und Tat zur Verfügung. Mein Telefondienst ist Tag und Nacht für Sie da ...".[437]

ee) LEBU

„... Wir beraten Sie sach- und fachgerecht ...".[438]

ff) ABI - Neubau Nord

„... fach- und sachgerechte Beratung ...".[439]

gg) A.H. Graf von Hardenberg

„... Ich bin Landwirt und Finanzberater. Lösen wir Ihre Geldprobleme ... fachmännisch ... Finanzen sind Vertrauenssache ...".[440]

hh) Flammann

„... Ihr Fachmann in Finanzierungsfragen ...".[441]

ii) A.F.G.

„... Qualifizierte Fachberater mit landwirtschaftlichen Kenntnissen beraten Sie sachgerecht ...".[442]

jj) Otte-Agrar-Consult

„... Betriebswirtschaftlich fundierte Beratung
o Bei ... Umschuldungen ...".[443]

Diese Beratungsangebote landwirtschaftlicher Makler in der Anzeigenwerbung lassen bereits auf tatsächlich vorgenommene Beratungen schließen, sind aber keineswegs das einzige und alleinige Indiz für eine Kreditumschuldungsvermittlung i.S.d. RBerG.

437 Feld & Wald, Ausg. 15/83, S. 28.
438 Ebd.
439 Ebd.
440 agrar praxis, Ausg. 6/84, S. 80.
441 Land und Forst, Ausg. 13/85, S. 126.
442 Land und Forst, Ausg. 18/85, S. 106.
443 Ebd.

So können, wie bereits oben[444] ausgeführt, bei Kreditnehmern, deren Vermögensverhältnisse so schlecht sind, daß sie von ihrer Bank oder ihrem bisherigen Geldgeber keinen weiteren Kredit mehr erhalten bei einer Umfinanzierung der Verpflichtungen umfangreiche wirtschaftliche und rechtliche Überlegungen erforderlich sein, gerade wenn mehrere verschiedenartige Darlehen abzulösen sind. Die hier interessierenden ritterschaftlichen Kreditnehmer nahmen vielfach auch wegen unzureichender Bonität die Dienste von Finanzierungsvermittlern in Anspruch.[445] Da sie überdies selbst keinen Kontakt zum ritterschaftlichen Kreditinstitut besaßen, ist bei möglichen Kundenberatungen und Gläubigerverhandlungen von Finanzmaklern den Umständen nach davon auszugehen, daß deren Tätigkeit eine Wirtschafts- und Rechtsberatung bzw. Rechtsbesorgung mit einschloß.[446] In Betracht kommen dabei insbesondere folgende Dienstleistungen, deren Vorliegen der jeweiligen Klärung im Einzelfall vorbehalten bleiben muß:

Die sachgerechte Ermittlung des Kontostandes der einzelnen Kredite, eine Klärung, unter welchen Voraussetzungen eine Ablösung der Kredite möglich ist, welche finanziellen Nachteile sich aus einer vorzeitigen Kreditrückzahlung ergeben können und welche Sicherheiten eventuell nicht mehr benötigt werden sowie eine Prüfung, ob der Kreditnehmer für andere Verpflichtungen weiterhin haftet.[447] Ferner sind zu nennen: Beratungen über die Kreditbedingungen der ver-

---

444 Siehe oben, S. 93 ff.

445 Siehe oben, S. 27 ff.

446 Das RberG trat 1935 u.a. in Kraft, um Spezialsachverständigen zur Durchführung von Entschuldungsverfahren nach dem Gesetz zur Regelung der landwirtschaftlichen Schuldenverhältnisse (RGBl. 1933, Teil I, S. 331 ff.) die Möglichkeit zu eröffnen, eine auf ihr Fachgebiet beschränkte Teilerlaubnis zu beantragen (vgl. Jonas DJ 1935, 1817, 1818). Wirtschaftlicher Hintergrund der Entschuldungsgesetzgebung waren seinerzeit vor allem 16.500 in den Jahren 1926-1931 zwangsversteigerte landwirtschaftliche Betriebe (vgl. Eggert, S. 1, Fußn. 1). Nach § 9 Abs. 1 a) des Gesetzes zur Regelung der landwirtschaftlichen Schuldenverhältnisse konnte die Entschuldung auch durch Ablösung der Altverbindlichkeiten erfolgen (RGBl., ebd., S. 332). Somit spricht einiges dafür, die Ablösung landwirtschaftlicher Altverpflichtungen - und damit auch Umschuldungen - bereits als solche als Tätigkeiten i.S.d. Art. 1, § 1 RBerG einzuordnen, ohne daß es noch zwingend notwendig auf das Vorliegen von Kundenberatungen und Gläubigerverhandlungen ankommt. Indes indiziert wohl die Komplexität der zu bewältigenden Schwierigkeiten regelmäßig die Vornahme von Kundenberatungen und Gläubigerverhandlungen, ohne die eine Umschuldung wohl tatsächlich nicht abgewickelt werden kann. Die Anforderungen an das Vorhandensein von Beratungen und Verhandlungen dürfen jedenfalls nicht überzogen werden. Die Entstehungsgeschichte des RberG verdeutlicht im übrigen sehr schön, daß der Gesetzgeber, wie bei der Einführung des § 56a GewO, erneut infolge der hohen Kreditverschuldung in der Landwirtschaft schützend eingreifen mußte.

447 Siehe oben, S. 93/94.

mittelten Kredite und über eine Umschichtung der Kredite, bei der Zusammenfassung in einen neuen Kredit und die Bewältigung aller damit verbundenen rechtlichen Probleme, Beratung über die Schwierigkeiten der Vermögenslage des Kreditnehmers und Eintritt in eine alle rechtlichen Aspekte mitumfassende Sanierungstätigkeit.[448]

b) Schuldenregulierungen

Im Rahmen von Schuldenregulierungen käme vor allem in Betracht, daß die Makler den Stand der Altschulden bei den Gläubigern erfragten und ihre Kunden durch die vermittelten Hypothekenkreditumschuldungen von den finanziellen Problemen bei ihren bisherigen Kreditgebern befreiten. Fanden zudem eine umfassende Aufklärung und Beratung über die Umschichtung sowie Konsolidierungsverhandlungen mit Gläubigern statt, einschließlich erforderlicher Vereinbarungen, so würde dieses noch die Annahme einer erlaubnispflichtigen Schuldenregulierung verstärken.

c) Betriebssanierungen

Als erlaubnispflichtige Betriebssanierungen sind die Sanierung landwirtschaftlicher Betriebe durch ritterschaftliche Hypothekenkreditumschuldungen in Erwägung zu ziehen. Das gilt insbesondere dann, sofern der Finanzmakler eine Hilfestellung größeren Umfangs anbot, indem er sich etwa aufgrund seiner Initiative für Kredite verbürgte und eigene Grundschulden für die Kreditbeschaffung einsetzte.[449]

3. Vornahme erlaubnispflichtiger Entschuldungshandlungen ohne Zulassung nach dem RBerG

Der Klärung im Einzelfall muß es wiederum überlassen bleiben, ob der jeweilige ritterschaftliche Kreditvermittler die vorerwähnten Rechtshandlungen ausführte ohne eine entsprechende Zulassung nach dem RBerG zu besitzen. Trifft dieses zu, so wären jedenfalls die solchermaßen abgeschlossenen Kreditvermittlungs-

---

448 Siebe oben, S. 94.

449 Siehe oben, S. 99/100. Vgl. auch Magazin „stern“, Ausg. 10/85, S. 202; Land und Forst, Ausg. 17/87, S. 78; Ausg. 36/87, S. 66. Das ritterschaftliche Kreditinstitut selbst nahm keine Bürgschaften von Kreditvermittlern an. Im Rahmen einer Umschuldung vermittelten Makler aber unter Umständen nicht nur ritterschaftliche Hypothekendarlehen, sondern zugleich auch Darlehen anderer Banken, die wiederum derartige Bürgschaftsversprechen akzeptierten; siehe insoweit LG Itzehoe, Az. 6 O 18/94, S. 19 ff., insbes. S. 24 ff.

verträge und unter Umständen auch die vermittelten Kreditverträge gleichermaßen nichtig. Hier muß die mögliche zukünftige (höchstrichterliche) Rechtsprechung zur Frage der Beteiligung des Braunschweigischen ritterschaftlichen Kreditinstituts/-vereins an unerlaubten Entschuldungshandlungen der Makler abgewartet werden.[450]

D. Die Nichtigkeit der Kreditverträge gem. § 138 BGB wegen Leistungsmißverhältnisses

I. Die ältere Rechtsprechung zum Gewerbekredit

Nach der Verbotswidrigkeit soll nunmehr die Nichtigkeit ritterschaftlicher Kreditgeschäfte nach § 138 BGB[451] zu behandeln sein. Begonnen wird dabei mit den älteren BGH-Entscheidungen zum Gewerbekredit.

Der BGH bejahte hier ein die objektive Sittenwidrigkeit begründendes auffälliges Leistungsmißverhältnis bei Überschreitung einer Vertragszinsgrenze von etwa 30-40% p.a.[452] Bei Verwirklichung des objektiven Tatbestandes schloß er auf die Erfüllung des subjektiven Tatbestandes, die verwerfliche Gesinnung.[453] Eine weitere Prüfung der Kreditbedingungen geschah nicht.[454]

Die Überschreitung der Zinsgrenze enthielt für die Sittenwidrigkeitsbeurteilung aber nur einen groben Anhaltspunkt.[455] Maßgebend für die Sittenwidrigkeitsprüfung blieb zum einen die Lage auf dem örtlichen Kapitalmarkt.[456] Konkret: Der Vergleich[457] des Effektivzinses im Kreditvertrag mit dem allgemeinen

---

450 Siehe oben, S. 100 ff.

451 Die Entstehung des § 138 BGB geht u. a. zurück auf das Wuchergesetz von 1880, welches wie das Reisegewerbekreditvermittlungsverbot von 1882/83 das ausufernde Wucherunwesen in der Landwirtschaft bekämpfen wollte (vgl. Rühle, S. 27/28; Bark, S. 200 ff.; Staudinger-Dilcher, § 138 Rdz. 96).

452 BGH WM 1978, 1349, 1350: 40,03% p.a. und 51% p.a.; WM 1976, 422, 423: mehr als 36% p.a. und mehr als 54% p.a.; WM 1971, 857, 858: 40% p.a.; WM 1967, 321, 323: 90% p.a.; WM 1966, 1221, 1224: 32,5% bis 46,51% p.a.; WM 1962, 112, 113: 45% p.a. und darüber; WM 1956, 459, 460: 39, 56% p.a..

453 BGH WM 1962, 112, 113.

454 Vgl. BGH WM 1976, 1158, 1160; WM 1971, 857, 858; WM 1969, 1255, 1257; WM 1966, 1221, 1222, 1224; WM 1966, 832, 835; WM 1966, 399, 400; WM 1958, 845/846; NJW 1957, 1274/1275; NJW 1951, 397.

455 Staudinger-Hopt/Mülbert, § 607 Rdz. 253.

456 BGH WM 1956, 1353, Leitsatz 1 b).

457 Staudinger-Hopt/Mülbert, a.a.O., (Fußn. 455), Rdz. 253; OLG Hamm WM 1984, 1445, 1447.

Zinsniveau[458] in der Zeit des Vertragsabschlusses.[459] Zum anderen würdigte die Rechtsprechung auch den wirtschaftlichen Gesamtzusammenhang bei der Kreditvergabe im Hinblick auf eine mögliche Rechtfertigung des Zinssatzes.[460] Berücksichtigung fanden hier insbesondere das Risiko des Kreditgebers[461], die Stellung von Kreditsicherheiten, welche eine Verringerung des Kreditrisikos bewirkten[462], die Einschätzung des Kreditnehmers durch die Bank als einen vorsichtigen und zuverlässigen Kaufmann[463] sowie die Gewinnaussichten[464] des kreditierten Geschäfts. Bei der Bewertung von Sicherheiten stellte man ab auf den Grad ihrer Verwertbarkeit, die voraussichtliche Verwertungsdauer und den möglichen Verwertungsertrag[465] bei der Zwangsvollstreckung; bei Grundstücken auf die 7/10-Beleihungsgrenze.[466] Die Wertbeständigkeit der Sicherheit spielte ebenfalls, vor allem bei langfristigen Krediten, eine große Rolle. So bestand wegen der Absicherung eines Kreditgeschäfts durch eine Bankgarantie[467] keinerlei Risiko für den Kreditgeber. Die Bestellung von Hypotheken oder Grundschulden führte zu einer stärkeren Senkung des Kreditrisikos als z.B. die Hereinnahme von Kfz-Sicherungsübereignungen.[468] Warenwechsel, im Vergleich zu Finanzwechseln bei der Deutschen Bundesbank nicht rediskontierungsfähig, ließen das Kreditgeschäft nicht zu einem mit erheblichem Risiko werden, sondern erlaubten allenfalls unter Umständen einen etwas höheren als den marktüblichen Zinssatz.[469] Selbst die Mithaftung eines Angestellten im öffentlichen Dienst, dessen Gehalt laufenden Pfändungen unterlag, galt noch als wertbeständige Sicherheit, die nicht zu einem höheren Kreditrisiko führte und demzufolge auch keinen unverhältnismäßig hohen Zinssatz zuließ.[470]

---

458 BGH WM 1976, 422, 423.
459 BGH WM 1976, 1158, 1160.
460 BGH WM 1958, 938, 939 zu § 138 Abs. 2 BGB (Kreditwucher); vgl. auch Staudinger-Hopt/Mülbert, a.a.O. (Fußn. 455), Rdz. 253.
461 BGH WM 1981, 353, 354; WM 1978, 1349, 1351; WM 1976, 422, 423; WM 1971, 857, 858; WM 1966, 1221, 1224; WM 1966, 399, 401.
462 BGH WM 1978, 1349, 1351; WM 1966, 1221, 1224; WM 1966, 399, 401; WM 1962, 112, 113; WM 1958, 938, 939; WM 1956, 1353, 1355; WM 1956, 459, 460.
463 BGH WM 1956, 459, 460.
464 BGH WM 1967, 321, 323; WM 1958, 938, 939; WM 1956, 459, 460.
465 BGH WM 1956, 1353, 1355.
466 BGH WM 1966, 1221, 1223.
467 OLG Hamm WM 1984, 1445, 1448.
468 BGH NJW 1980, 445; NJW 1979, 540.
469 BGH WM 1978, 1349, 1351.
470 Ebd.

II. Die neuere Rechtsprechung zum Konsumentenkredit

1. Das auffällige Leistungsmißverhältnis

a) 90-100% relative Marktzinsüberschreitung

Im Gegensatz zur älteren Gewerbekreditrechtsprechung bilden in der neueren Konsumentenkreditrechtsprechung nicht die absoluten Zinsobergrenzen den entscheidenden Maßstab, sondern die relative Überschreitung des Marktzinssatzes.[471] Ein auffälliges Leistungsmißverhältnis als objektive Sittenwidrigkeitsvoraussetzung liegt danach vor, sofern der Vertragszins in etwa doppelt so hoch ist wie der auf dem Kreditmarkt übliche Zins.[472] Weil hierin jedoch keine starre Grenze besteht, genügt auch eine Zinsüberschreitung von 90-100%, um einen objektiven Sittenverstoß zu bejahen.[473]

---

471 Vgl. z.B. BGH ZIP 1991, 359, 360; BGH Z 110, 336, 339; 104, 102, 105. Die neuere Konsumentenkreditrechtsprechung ist dabei - anders als die ältere Gewerbekreditrechtsprechung - soweit ersichtlich wohl ausschließlich zu § 138 Abs. 1 BGB ergangen.

472 BGH Z 110, 336, 339; 104, 102, 105.

473 BGH NJW 1991, 834, 835; WM 1990, 534, 535; NJW 1988, 1659, 1660; siehe neuerdings auch BGH ZIP 1995, 383, 387 und ZIP 1995, 380, 383, wo dieser Rechtsprechungsgrundsatz noch einmal bestätigt wurde und analog auf Finanzierungsleasingverträge Anwendung fand.

So monierte der BGH Zinsüberschreitungen von 91%[474], 94%[475] und 96%[476]. Ein weiteres Heruntersetzen der Wuchergrenze unter die 90%-Marke lehnte er ab. Das betraf Zinsüberschreitungen von 65%[477], 80,5%[478], 81,84%[479], 87,6%[480], knapp 88%[481] und 88,6%.[482]

b) 12% absolute Marktzinsüberschreitung in Hochzinsphasen

Die überwiegende OLG-Rechtsprechung[483] maß seit Mitte der achtziger Jahre einem absoluten Zinsunterschied von 12% in Hochzinsphasen eine vergleichbare Richtwertfunktion bei wie einer relativen Zinsdifferenz von 100%.[484] Dieser Ansicht folgte auch die Literatur[485] weitestgehend. Der BGH bezog zunächst nicht Stellung[486], schloß sich dann aber der Auffassung an[487] und begründete sie folgendermaßen: Gerade in Hochzinsphasen kommt der absoluten Zinsdifferenz eine größere Bedeutung zu als dem relativen Zinsunterschied. Ohne eine solche absolute Zinsdifferenzgrenze wäre ein absoluter Zinsunterschied als zulässig anzusehen, was aber in keinem angemessenen Verhältnis zu den höheren Refinanzierungskosten der Bank und dem gestiegenen Insolvenzrisiko stünde. Der Berechnung des Vertragszinses liegen zudem nicht nur die Aufwendungen für die Refinanzierung, die Betreibung und die Risikorücklagen zugrunde, der Zinssatz wird ferner in nicht unbeachtlicher Weise durch die verhältnismäßig gleichbleibenden Betriebskosten und die Gewinnspanne kalkuliert. Selbst bei einem allgemein hohen Zinsniveau übertreffen Marktzinsüberschreitungen von 12% und darüber wesentlich die höheren Kosten und ermöglichen so den Banken eine Gewinnzunahme auf Kosten finanziell schwacher Kreditnehmer, die ohnehin von den hohen Kreditgebühren stark belastet werden.

---

474 BGH NJW 1982, 2433, 2435.
475 BGH BB 1987, 2263.
476 BGH NJW 1987, 183.
477 BGH NJW 1987, 2220, 2221.
478 BGH Z 99, 333, 336.
479 BGH NJW 1988, 1661, 1662.
480 BGH NJW 1989, 829.
481 BGH NJW-RR 1987, 1335, 1336.
482 BGH NJW 1988, 818.
483 Vgl. die Nachweise in BGH Z 110, 336, 339.
484 Ebd.
485 Vgl. die Nachweise, ebd.
486 So in BGH Z 104, 102, 105.
487 So in BGH Z 110, 336, 339; siehe neuerdings auch BGH ZIP 1995, 383, 387 und ZIP 1995, 380, 383, speziell für Finanzierungsleasingverträge.

c) 110% relative Marktzinsüberschreitung in Niedrigzinsphasen

Um demgegenüber den besonderen Umständen in einer Niedrigzinsphase Rechnung tragen zu können, verschob der BGH in derartigen Zeiträumen den Wertungsspielraum zugunsten der Bank auf eine Zinsgrenze von 110% relativer Überschreitung.[488]

d) Keine Unterscheidung zwischen Konsumentenkredit und Gewerbekredit

Die neuere BGH-Rechtsprechung beschäftigte sich zwar überwiegend mit den wucherähnlichen Krediten privater Konsumenten, dennoch kommt dieser Rechtsprechung auch Bedeutung für die Landwirtschaft zu. Hinsichtlich der Voraussetzungen des objektiven Sittenwidrigkeitstatbestandes unterschied der BGH nämlich nicht grundlegend zwischen einem Privatkredit und einem Kredit zu gewerblichen Zwecken.[489]

2. Die verwerfliche Gesinnung

a) Definition der verwerflichen Gesinnung

Die Annahme eines wucherähnlichen Kredits erfordert darüber hinaus die Verwirklichung des subjektiven Tatbestandes.[490] Das subjektive Moment besteht darin, daß die Bank gegenüber dem Kreditnehmer Bedingungen aus einer verwerflichen Gesinnung heraus festsetzt. Eine solche Gesinnung besteht, wenn der Kreditgeber die wirtschaftlich schwächere Lage des Kreditnehmers sowie dessen Rechts- und Geschäftsungewandheit bewußt zu seinem Vorteil bei der Ausgestaltung der Kreditbedingungen ausnutzt. Dem steht es gleich, sofern sich der Kreditgeber leichtfertig der Einsicht verschließt, daß der Kreditnehmer sich nur aus den Nachteilen seiner Situation heraus auf die ihn benachteiligenden Bedingungen einläßt.[491]

---

488 BGH NJW 1991, 834, 835.

489 Vgl. insbes. BGH ZIP 1991, 359, 360, speziell im Fall eines Landwirts. Siehe im übrigen noch BGH R BGB § 138 Abs. 1 - Ratenkredit - 24; BGH R BGB, § 138 Abs. 1 - Sozialwucher (Schreiner und Kosmetikerin); unveröffentlichter Beschluß des BGH vom 24. November 1988, Az. III ZR 255/87; BGH WM 1983, 115 (Schausteller, Minderkaufmann); NJW 1980, 445, 446 (Kaufmann);WM 1980, 892 (Gastwirt).

490 BGH NJW-RR 1990, 304; NJW 1986, 2565; NJW 1984, 2294; BGH Z 98, 178.

491 BGH ZIP 1991, 359, 360; NJW 1986, 2564, 2565; ZIP 1983, 282, 285; WM 1982, 1021, 1022; NJW 1982, 1981, 1982; NJW 1980, 2301; NJW 1980, 2076, 2077; NJW 1980, 2074, 2076; NJW 1980, 445, 446; NJW 1979, 2110; NJW 1979,2089; NJW 1979, 808; NJW 1979, 805.

b) Feststellung der verwerflichen Gesinnung

Zur Feststellung der verwerflichen Gesinnung läßt die Rechtsprechung Beweiserleichterungen zu. Bei Krediten privater Konsumenten spricht eine widerlegliche Vermutung bei Erfüllung der objektiven Sittenwidrigkeitsvoraussetzungen für das subjektive Moment.[492] Für Kredite an Gewerbetreibende wird unterschieden zwischen Vollkaufleuten und Minderkaufleuten. Die Vermutung spricht bei Vollkaufleuten gegen das Vorliegen des subjektiven Elements, hingegen gelten bei Minderkaufleuten die normalen Beweislastregeln, das heißt, hier bedarf es einer Prüfung der subjektiven Voraussetzungen im Einzelfall.[493] In seiner Entscheidung vom 19.02.1991[494] übertrug der BGH die für Minderkaufleute geltenden Grundsätze auf einen Landwirt entsprechend.

3. Die belastenden Geschäftsumstände im Rahmen der Gesamtwürdigung

a) Unwirksame Allgemeine Geschäftsbedingungen

aa) Unangemessene Verzugsregelungen

(1) Die Verzugsregelungen im einzelnen

Des weiteren kommt es entscheidend für die Sittenwidrigkeitsprüfung auf eine Gesamtwürdigung der Umstände[495] an. Es ist eine zusammenfassende Würdigung des Inhalts und des Zwecks des Geschäfts[496] und der gesamten sonstigen objektiven und subjektiven Geschäftsumstände vorzunehmen.[497] Den Besonderheiten des Gewerbekredits ist im Rahmen der Gesamtwürdigung Rechnung zu tragen.[498] Es wird sich hier konzentriert auf die Darstellung von Umständen, soweit sie Anwendungsrelevanz für die interessierenden Agrarkreditgeschäfte besitzen.

---

492 BGH NJW-RR 1990, 303, 304; NJW 1987, 181, 182; NJW 1986, 2564, 2565; NJW 1984, 2292, 2294; NJW 1983, 1420, 1421/1422; NJW 1981, 1206, 1207.

493 BGH NJW 1983, 1420, 1421/1422; vgl. auch OLG Nürnberg WM 1996, 497 für einen Leasingnehmer.

494 BGH ZIP 1991, 359, 361.

495 BGH NJW 1988, 818, 819; WM 1987, 1354, 1355; VersR 1987, 205, 206; WM 1986, 1517, 1518; WM 1982, 921, 923.

496 BGH NJW 1980, 445, 446.

497 Ebd. und BGH WM 1983, 115, 116.

498 BGH R BGB, § 138 Abs. 1, Ratenkredit 24.

Zu den belastenden Gesamtumständen zählen in erster Linie unangemessene AGB-Bestimmungen[499] und dabei vor allem unbillige Verzugsvereinbarungen.

Die Rechtsprechung setzte sich insbesondere mit überhöhten Verzugszinssätzen auseinander.[500] Sehr bedrückend sind ferner Klauseln mit willkürlichen Verzugsvereinbarungen.

Das OLG Hamburg[501] beurteilte einen Fall, in welchem sich der Kreditgeber einerseits das Recht vorbehielt, bei Verzug und gerichtlicher Beitreibung Gebühren von 0,06% pro Tag, mindestens für 30 Tage, vom jeweils rückständigen Betrag zu verlangen, andererseits aber Kosten in Höhe des effektiven Jahreszinses zuzüglich 4% p.a. Verzugsgebühren zu berechnen.

Bei einer solch undurchsichtigen Vereinbarung im Kreditvertrag ist es für den Kreditnehmer unmöglich zu erkennen, welche Kosten im Verzugsfall tatsächlich auflaufen.[502]

Weitere bei der Gesamtwürdigung negativ ins Gewicht fallende Verzugsbestimmungen sind: Die unveränderte Geltung des Verzugszinssatzes für die gesamte Verzugszeit auch über die ursprünglich vorgesehene Vertragsdauer hinaus, ohne Rücksicht auf zwischenzeitliche Zinssenkungen[503], der Eintritt des Verzuges, sofern der Kreditnehmer eine Rate nicht zum Fälligkeitszeitpunkt zahlt[504], das Versprechen im voraus gegenüber der Bank, wonach im Verzugsfall auch von fälligen Zinsen wieder Zinsen berechnet werden sollen[505], die Verzugszinsklausel, die nicht zwischen Verzögerungs- und Nichterfüllungsschaden differenziert, sondern für alle denkbaren Fälle des Schuldnerverzuges den zu ersetzenden Schaden ohne Unterschied festlegt[506], die sofortige Fälligkeit der Rückzahlung des gesamten Restsaldos, sobald sich der Kreditnehmer mit einer Rate länger als

---

499 Ebd.; vgl. auch BGH NJW 1986, 1535, 1536; WM 1986, 991, 992; EWiR 1986, 869; unveröffentlichter Beschluß des BGH vom 17.09.1987, Az. III ZR 151/86, S. 3; OLG Düsseldorf EWiR 1996, 207; OLG Hamm NJW-RR 1988, 937, 938.

500 BGH NJW-RR 1989, 1320, 1321; WM 1989, 595, 597; NJW 1988, 1967; ZIP 1987, 1305, 1308; NJW 1986, 2568, 2569; NJW 1982, 2436, 2437; NJW 1982, 2433, 2435; NJW 1981, 1206, 1209; WM 1981, 516, 518; NJW 1980, 2301, 2302; NJW 1980, 2076, 2078; NJW 1980, 445, 446; NJW 1979, 2089, 2091; NJW 1979, 808, 809; NJW 1979, 805, 806; OLG Frankfurt/Main WM 1985, 938; OLG Hamburg EWiR § 138 BGB 7/85, S. 737; OLG Düsseldorf ZIP 1985, 472; KG Berlin WM 1984, 1181, 1184; OLG Hamburg NJW 1982, 942, 944; KG Berlin ZIP 1982, 555, 556.

501 OLG Hamburg NJW 1982, 942, 944.

502 Ebd.

503 BGH ZIP 1987, 1305, 1308.

504 BGH NJW-RR 1989, 1320, 1321.

505 OLG Stuttgart ZIP 1984, 1201, 1212.

506 OLG Düsseldorf ZIP 1985, 472.

20 Tage[507] oder länger als drei Wochen[508] in Rückstand befindet sowie die sofortige Fälligkeit des Restkredits, sofern der Kreditnehmer teilweise[509] mit zwei aufeinanderfolgenden Raten in Verzug ist.

(2) Die erhöhte Bedeutung unangemessener Verzugsregelungen

Unangemessene Verzugsregelungen können im Rahmen der Gesamtwürdigung sogar eine erhöhte Bedeutung erhalten. Danach führt die Verzugszinsvereinbarung unter bestimmten Voraussetzungen zusammen mit weiteren Umständen zur Sittenwidrigkeit des gesamten Kreditvertrages und zwar ohne daß notwendig zugleich ein auffälliges Leistungsmißverhältnis besteht.[510] Welche Voraussetzungen hierfür im einzelnen vorliegen müssen, soll durch eine stichwortähnliche Wiedergabe der Aussagen elf einschlägiger BGH-Urteile aufgezeigt werden.

(a) BGH NJW 1979, 805

- Eine einseitig gegenüber rechtsunkundigen und geschäftsungewandten Kreditnehmern übermäßig belastende, unübersichtliche Vergütungs- und Entschädigungsregelung.
- Die starke Belastung verstärkt sich nach den von der Bank festgelegten Darlehensbedingungen erheblich, wenn der Darlehensnehmer mit der Zahlung der vereinbarten Raten in Rückstand gerät.
- Besondere Umstände:
  - Verstoß gegen die Preisangabenverordnung.
  - Die von der Bank festgelegte Vertragsgestaltung gibt einem rechts- oder geschäftsunkundigen Darlehensbewerber nicht die Möglichkeit, seine Gesamtbelastung, vor allem im Verzugsfall, zuverlässig zu beurteilen und über die Tragbarkeit dieser Gesamtbelastung zu entscheiden.

---

507 BGH NJW 1986, 376; NJW 1982, 2436, 2437; NJW 1982, 2433, 2435; WM 1982, 1023, 1025; WM 1982, 1021, 1022.

508 BGH NJW 1983, 1420, 1421.

509 BGH NJW-RR 1989, 1320, 1321; ZIP 1987, 1305, 1308; NJW 1986, 2568, 2569; NJW 1986, 2564, 2565; NJW 1986, 46, 48.

510 Beim wucherähnlichen Kredit bleibt entscheidend, wie bereits oben dargelegt (siehe oben, S. 112), die Gesamtwürdigung objektiver und subjektiver Einzelumstände. Es müssen aber nicht immer sämtliche Einzelumstände erfüllt sein, da es sich nicht um zwingende Tatbestandsmerkmale wie bei § 138 Abs. 2 BGB handelt. Auch das Fehlen einzelner Umstände kann also eine Sittenwidrigkeit des Vertrages begründen, sofern die Gesamtwürdigung ergibt, daß die sonstigen Umstände ein entsprechend gravierendes Ausmaß erreichen. Demzufolge kann auch eine unangemessene Häufung übermäßiger Belastungen zur Sittenwidrigkeit führen, ohne daß das Leistungsmißverhältnis vorliegen muß; vgl. BGH NJW 1995, 1425, 1429; NJW 1982, 1981, 1982; NJW 1980, 2076, 2077; siehe auch Canaris NJW 1978, 1891, 1895.

(b) BGH NJW 1979, 808

- Effektivzins 25% über dem marktüblichen Zins.
- Berechnung von Auslagen i.H.v. 3,57% des Darlehens.
- Prämie für die Restschuldversicherung i.H.v. 10,79% des Darlehens.
- Sonstige erhebliche Umstände:
  - In kleingedruckten allgemeinen Darlehensbedingungen auf der Rückseite des Darlehensantrags sind zusätzliche Leistungen des Darlehensnehmers festgelegt, die seine Gesamtbelastung ins Unangemessene und Untragbare steigern.
  - Das Risiko erheblicher zusätzlicher Belastungen im Falle vorzeitiger Fälligkeit können rechtsunkundige oder nicht geschäftsgewandte Darlehensbewerber nicht abschätzen. Die kleingedruckten Darlehensbedingungen auf der Rückseite des Darlehensantrags werden bei Stellung des Antrags häufig übersehen oder zumindest in ihrer Bedeutung nicht voll erfaßt.

(c) BGH NJW 1979, 2089

- Die zu zahlenden Entgeltleistungen liegen erheblich über dem allgemeinen Preisniveau für Ratenkredite.
- 293 DM Vermittlungsauslagen und 160 DM Kosten für die Restschuldversicherung bei einem ausgezahlten Kredit von 5.000 DM.
- Die Verzugsleistungen steigern die Gesamtbelastung des Darlehensnehmers ins Unangemessene und Untragbare.
- Die verwendeten Antragsformulare und die auf der Rückseite des Darlehensantrages aufgedruckten Darlehensbedingungen geben rechtsunkundigen und geschäftsungewandten Darlehensbewerbern keinen hinreichenden Aufschluß über das Risiko, das sie mit der Aufnahme eines an sich schon sehr hoch verzinslichen Darlehens eingehen.

(d) BGH NJW 1980, 445

- Die Verzinsung ist auch unter Berücksichtigung der Sicherheiten für das Darlehen nicht unverhältnismäßig hoch.
- Tritt eine übermäßige Belastung des Darlehensnehmers nur im Verzugsfall und auch dann nur unter bestimmten Voraussetzungen ein, so kommt eine Sittenwidrigkeit des gesamten Vertrages nur beim Hinzutreten besonderer Umstände in Betracht.
- Solche besonderen, die Annahme der Sittenwidrigkeit rechtfertigenden Gründe liegen vor, wenn die von der Bank festgelegte Vertragsgestaltung einem rechts- oder geschäftsunkundigen Darlehensbewerber nicht die Möglich-

keit gibt, seine Gesamtbelastung insbesondere auch im Verzugsfall zuverlässig zu beurteilen und zu entscheiden, ob er alle Kosten aufbringen kann, so daß er sich insgesamt nicht in der Lage befindet, das Vertragsrisiko richtig einzuschätzen.

- Das Schutzbedürfnis für rechtsunkundige und geschäftsungewandte Darlehensbewerber ist für den allgemeinen Geschäftsverkehr erheblich. Im kaufmännischen Rechtsverkehr tritt es zurück.

(e) BGH NJW 1980, 2076

- Das Darlehen war durch hohe, einen Darlehensnehmer in wirtschaftlich schwacher Lage besonders stark belastende Entgeltleistungen gekennzeichnet:
  - Kreditgebühren von 0,95% monatlich für Kredit von 6.000 DM über 47 Monate Laufzeit.
  - Maklerkosten i.H.v. 3% aus dem beantragten Kredit = 180 DM.
  - Kosten für Restschuldversicherung i.H.v. 670 DM.
- Aufbürdung von Verzugsleistungen, welche die Gesamtbelastung erheblich steigern.
- Rechtsunkundige und geschäftsungewandte Darlehensbewerber werden die nur auf der Rückseite des Vertrages aufgedruckten Bedingungen mit den stark belastenden Verzugsfolgenregelungen kaum durchlesen, oder beim Lesen in ihrer Bedeutung nicht voll erfassen. Die Kreditnehmer erhalten damit keinen hinreichenden Aufschluß über das zusätzliche Risiko, das sie mit der Aufnahme eines an sich schon hochverzinslichen Darlehens eingehen.
- Die Darlehensnehmer binden sich schon mit der Unterschrift unter die Selbstauskunft an eine Kreditaufnahme mit stark belastenden Regelungen.

(f) BGH NJW 1980, 2301

- Effektiver Jahreszins 30,11% - marktüblicher Zins 17,45 bis 17,69%.
- Die Regelungen für den Fall des Verzuges steigern die Belastungen in besonders starkem Maße.
- Die Vertragsgestaltung gibt rechts- oder geschäftsunkundigen Kreditbewerbern nicht die Möglichkeit, ihre Gesamtbelastung, insbesondere im Verzugsfall, zuverlässig zu beurteilen und zu entscheiden, ob diese Gesamtbelastung für sie tragbar ist, so daß sie das Vertragsrisiko insgesamt nicht richtig einschätzen können.
- Die auf der Rückseite des Darlehensvertrages abgedruckten AGB, die ohne besondere Hervorhebung im kleingedruckten Text die maßgeblichen Bestimmungen enthalten, werden bei Antragstellung häufig übersehen und ebenfalls in ihrer Bedeutung nicht voll erfaßt.

(g) BGH WM 1981, 516

- Ein Mißverhältnis ergibt sich nur, wenn der Verzugsfall alsbald nach der Kreditgewährung einsetzt. Tritt eine übermäßige Belastung des Kreditnehmers aber nur im Verzugsfall und dann lediglich unter besonderen Umständen auf, so begründet das die Sittenwidrigkeit des Vertrages, wenn der Verzugsfall nach dem Zahlungsverhalten des Darlehensnehmers bei den früher von ihm beim Darlehensgeber aufgenommenen Krediten nahelag oder wenn es nach den schon bei Vertragsabschluß erkennbaren Umständen sicher oder in hohem Maße offensichtlich erschien, daß der Darlehensnehmer die für den Verzugsfall aufgebürdeten Leistungen erbringen muß.
- Weitere Umstände:
  - Niedriges Einkommen des Darlehensnehmers.
  - Gefahrlaufen des Darlehensnehmers in eine immer stärkere Verschuldung, durch die fortgesetzte Aufnahme überteuerter Kredite.
  - Fehlendes Bewußtsein bei einem geschäftlich unerfahrenen und rechtsunkundigen Darlehensbewerber, daß es sich um einen besonders teuren Kredit handelt.
  - Erhöhung der Gefahr des Verzugsfalls durch die Kosten für die Restschuldversicherung.
  - Ein geschäftlich unerfahrener und rechtsunkundiger Kreditnehmer wird eine nur in den Allgemeinen Geschäftsbedingungen befindliche Verzugsfolgenregelung und das damit für ihn verbundene Risiko in der Regel kaum überschauen.

(h) BGH NJW 1982, 2436

- Der verlangte Zins übersteigt den Durchschnittszins um knapp 50% und liegt damit noch im oberen Bereich des Marktüblichen.
- Unangemessene Verzugsregelungen, die im Rahmen der Gesamtwürdigung erhöhtes Gewicht erlangen, wenn der Verzugsfall nach dem Zahlungsverhalten des Darlehenskunden bei früheren Krediten oder nach den schon bei Vertragsabschluß erkennbaren Umständen nahelag und es damit schon in hohem Maße wahrscheinlich war, daß der Kreditbewerber die ihm für den Verzugsfall vertraglich aufgebürdeten Leistungen zu entrichten haben wird.
- Weitere Umstände:
  - Verstoß gegen die Preisangabenverordnung.
  - Wesentliche belastende Vertragsbestimmungen sind nur auf der Rückseite des Kreditantrages - ohne hinreichend deutlichen Hinweis auf der Vorderseite - abgedruckt und in ihren Formulierungen für einen geschäftsunerfahrenen Darlehensnehmer nur schwer zu verstehen.

(i) BGH NJW 1987, 2220

- Relative Marktzinsüberschreitung i.H.v. 65,13%, absolute Marktzinsüberschreitung i.H.v. 8,48%.
- Die erhöhte Zinsforderung kann zusammen mit unwirksamen AGB-Klauseln zur Sittenwidrigkeit des Kreditvertrages führen.

(j) BGH WM 1989, 595

- Objektiv überzogene Zinsforderungen führen zusammen mit einer unwirksamen Verzugszinsklausel zur Sittenwidrigkeit des Vertrages, wenn der Verzugsfall wegen der wirtschaftlichen Lage des Kreditnehmers anzunehmen ist.

(k) BGH NJW-RR 1989, 1320

- Relative Überschreitung des Vertragszinses im Vergleich zum marktüblichen Zins um 76,95%.
- Unangemessene Verzugsregelungen, denen erhöhtes Gewicht beigemessen werden kann, sofern der Verzugsfall nach dem früheren Zahlungsverhalten des Kreditnehmers oder nach den schon bei Vertragsschluß erkennbaren Umständen nahe lag und folglich damit gerechnet werden mußte, daß die Sonderbelastungen des Verzuges den Darlehensbewerber trafen.

bb) Belastende Vorfälligkeits- und Ablösungsgebührenregelungen

Ferner zählen Vorfälligkeits- und Ablösungsgebührenregelungen zu den belastenden Geschäftsumständen, die im Rahmen der Gesamtwürdigkeit bei der Sittenwidrigkeitsprüfung zu berücksichtigen sind. Zu nennen sind hier Gebühren i.H.v. 2%[511], 3%[512] oder 5%[513] des jeweiligen Nettorestkredits. Die Belastung dieser Vereinbarungen liegt darin, daß dem Kreditnehmer in unzulässiger Weise die Ausübung seines Kündigungsrechts gemäß § 247 Abs. 1 Satz 2 BGB a.F. beschränkt wird.[514]

---

511 BGH WM 1987, 1023, 1025.

512 BGH NJW 1987, 2220, 2222; WM 1982, 1021, 1022.

513 BGH NJW 1986, 2568, 2569.

514 BGH WM 1982, 1021, 1022; WM 1981, 222, 223. Von Bedeutung ist in diesem Zusammenhang auch die BGH-Entscheidung vom 07.07.1988 (BGH ZIP 1988, 1450 ff), die in einem Rechtsstreit gegen das Braunschweigische ritterschaftliche Kreditinstitut erging. Danach schloß Ziff. 7 der ritterschaftlichen Schuldurkunde das Kündigungsrecht des Kreditnehmers nach § 247 Abs. 1 Satz 2 BGB a.F. gem. § 247 Abs. 2 Satz 2 BGB a.F. aus (vgl. auch den auszugsweisen Abdruck der Ge-

cc) Unwirksame Zinsanpassungsklauseln

Im Rahmen von § 138 BGB sind des weiteren unwirksame Zinsanpassungsklauseln von Belang.[515] Das betrifft zum einen Zinsanpassungsklauseln, in denen sich der Kreditgeber das uneingeschränkte Recht zur jederzeitigen Änderung der vereinbarten Kreditkonditionen vorbehält. Die Rechtsprechung billigt einseitige Zinsänderungen nur unter bestimmten Voraussetzungen, etwa wenn die Erhöhung des Zinssatzes von gestiegenen Refinanzierungskosten der Bank abhängt. Genügt eine Klausel derartigen Anforderungen nicht, so stellt sie einen belastenden Geschäftsumstand dar.[516] Das dürfte im übrigen aber auch für unzulässige Zinsanpassungsklauseln gelten, die dem Kreditnehmer bei Zinssatzneufestschreibungen kein Vertragslösungsrecht als Ausgleich gewähren und darüber hinaus auch für Zinsanpassungsklauseln, die zwar ein solches Kündigungsrecht vorsehen, dem Kreditnehmer jedoch lediglich eine zweiwöchige Frist für deren Ausübung zubilligen.[517]

dd) Unwirksame Zinsberechnungs- und Tilgungsverrechnungsklauseln

Ob unwirksame Klauseln zur nachschüssigen Zinsberechnung oder Tilgungsverrechnung ebenfalls bei der Gesamtwürdigung Berücksichtigung finden, ist höchstrichterlich noch nicht entschieden. Anerkannt ist aber, daß unwirksame AGB allgemein den Kreditnehmer bedrücken.[518] Demzufolge dürften auch die Klauseln zur nachschüssigen Zinsberechnung bzw. Tilgungsverrechnung hier an Bedeutung gewinnen. Die Rechtsprechung beanstandete diese Vereinbarungen nach § 9 AGBG, insbesondere weil der Kunde in den Verträgen keine Klarheit

---

schäftsbedingungen im Anhang), ohne daß jedoch das Darlehen tatsächlich zur Deckungsmasse für Schuldverschreibungen gehörte bzw. das ritterschaftliche Kreditinstitut einen entsprechenden Nachweis erbringen konnte. Insoweit blieb der Kreditnehmer auch hier unrechtmäßig an der Geltendmachung seines Kündigungsrechts gehindert, zumal das ritterschaftliche Kreditinstitut im Kündigungsfall eine Vorfälligkeitsentschädigung i. H. v. 5% des Darlehensrestkapitals berechnete, die allerdings nicht formularmäßig, sondern individualvertraglich vereinbart war (vgl. BGH, ebd., S. 1451/1452; siehe im übrigen auch noch BGH WM 1990, 138, 139 und OLG Hamm WM 1995, 191). Nach Art. 12 Abs. 2 i.V.m. Art. 14 des Gesetzes zur Änderung wirtschafts-, verbraucher-, arbeits- und sozialrechtlicher Vorschriften vom 25.07.1986 gilt § 247 BGB a.F. auch weiterhin für Verträge, die vor dem 01.01.1987 zustande kamen und zwar auch dann, sofern einzelne Vertragsklauseln eine Neufassung nach dem 01.01.1987 erhielten (vgl. OLG Hamm, ebd.).

515 OLG Hamm NJW-RR 1988, 937, 938.

516 Ebd.

517 Vgl. insoweit zur Unwirksamkeit derartiger Zinsanpassungsklauseln BGH ZIP 1989, 697; WM 1989, 1371, 1372; WM 1987, 921; WM 1986, 580.

518 Siehe oben, S. 112 ff.

über die zinssteigernde Wirkung dieser Regelungen - sei es durch Angabe des Effektivzinses oder in sonstiger Weise - erhielt. Die Transparenz bemißt sich nach den Durchschnittserwartungen und -erkenntnismöglichkeiten von Privatpersonen, die erst- oder einmalig Grundbesitz kaufen und keine besonderen Finanzierungserfahrungen haben, wobei jedoch Kenntnisse und Verständnismöglichkeiten des Kunden im konkreten Einzelfall, die dieses Ausmaß übersteigen, unberücksichtigt bleiben.[519] Dabei spielt es auch keine Rolle, daß private Großkredite[520] aufgenommen werden, es sei denn, der Darlehensnehmer ist Kaufmann und benötigt die Darlehen zum Betrieb seines Handelsgewerbes.[521] In zeitlicher Hinsicht findet das Transparenzgebot nur Anwendung auf Verträge seit Inkrafttreten des AGB-Gesetzes am 01.04.1977.[522]

ee) Unwirksame Kapitalbeschaffungskostenklauseln

Eine Belastung beinhaltet schließlich auch die Unwirksamkeit von Kapitalbeschaffungskostenklauseln. Speziell in Rechtsstreitigkeiten gegen das Braunschweigische ritterschaftliche Kreditinstitut und gegen die BRH sahen das LG Braunschweig[523] und das OLG Braunschweig[524] die Kapitalbeschaffungskostenklauseln in den ritterschaftlichen Kreditgeschäftsbedingungen als unwirksam an. Diese Gebühren, die regelmäßig zu Beginn der Darlehenslaufzeit anfielen, betrugen im Einzelfall bis zu 13% der Darlehenssumme und programmierten darum vielfach den Eintritt des Verzugsfalles vor.[525]

---

519 BGH ZIP 1997, 496, 497; WM 1995, 1262, 1263; WM 1992, 395, 396/397; WM 1992, 218, 219; WM 1990, 1367, 1368/1369; WM 1988, 1780, 1783; KG Berlin WM 1991, 1250, 1252. Diesem Transparenzgebot wird eine Klausel gerecht, wie sie der Entscheidung BGH ZIP 1991, 1054 ff. zugrundelag. Sie lautete: „Die Zinsen werden vierteljährlich nach dem Stand des Darlehens zu Beginn des Kalendervierteljahres berechnet. Tilgungsbeträge wirken sich vom Beginn des auf ihren Eingang folgenden Kalendervierteljahres an in der Zinsberechnung aus.“ (vgl. BGH, ebd., S. 1056/1057).

520 Vgl. BGH WM 1995, 1262, 1263 und WM 1992, 395, 396.

521 Ebd. Noch weitergehender KG Berlin WM 1991, 1250 ff., wonach allgemein Kreditnehmer, die den Kredit im Rahmen ihrer selbständigen beruflichen oder gewerblichen Tätigkeit aufnehmen, nicht vom Transparenzgebot geschützt werden sollen (Ebd., S. 1252).

522 BGH ZIP 1997, 496, 497/498.

523 Vgl. die zahlreichen Rechtsprechungsnachweise in Fußn. 31. Siehe auch bereits oben, S. 32/33.

524 Vgl. die zahlreichen Rechtsprechungsnachweise in Fußn. 31. Siehe auch bereits oben, S. 32/33.

525 Vgl. die gegen die DG HYP ergangene Entscheidung des LG Verden vom 29.03.1994, Az. 7 O 357/93, S. 3 ff. Siehe im übrigen auch bereits oben, S. 32/33.

ff) Nicht ausgewiesenes Packing

Zu den bei § 138 Abs. 1 BGB zu beachtenden Geschäftsumständen zählt schließlich noch das nicht ausgewiesene Packing, weil hierin eine irreführende Verschleierung der Kreditbelastung besteht.[526]

b) Undurchsichtige Vertragsformulargestaltung

aa) Undurchsichtige Regelungen beim Kapitallebensversicherungskreditvertrag

Des weiteren können undurchsichtige Regelungen beim Kapitallebensversicherungskredit[527] der Sittenwidrigkeit entscheidendes Gewicht verleihen. Die Verbindung zwischen einem Festkredit und der Kapitallebensversicherung führt zu einer langfristigen Bindung des Darlehensnehmers. Weil zudem die Tilgung des Darlehens erst am Ende der vereinbarten Laufzeit erfolgt, muß der Darlehensnehmer das Darlehen während der ganzen Zeit in voller Höhe verzinsen. Eine vorzeitige Kündigung des Darlehens in den ersten Jahren nach Abschluß des Vertrages bewirkt, daß er bei Liquidation der Lebensversicherung wegen des ungünstigen Rückkaufwertes einen wesentlichen Teil seines angesparten Vermögens verliert. Er ist über diese Nachteile vielfach im Unklaren und kann deshalb in erster Linie auch nicht seine tatsächliche Gesamtbelastung ermitteln, so daß ihm die Möglichkeit fehlt, Vergleiche mit anderen Darlehensarten vorzunehmen. Die Undurchschaubarkeit fällt vor allem bei fehlendem Interesse am Abschluß eines Kapitallebensversicherungsvertrages sehr stark ins Gewicht, so regelmäßig im Fall der Ablösung von Altverpflichtungen.[528]

bb) Undurchsichtige Regelungen bei Raten- und Vario-Kreditverträgen

In anderen Verträgen, wie etwa bei Raten-[529] und bei Vario-Krediten[530] finden sich ebenfalls entsprechend undurchsichtige Regelungen. Auch hier kommt es maßgeblich darauf an, ob ein durchschnittlicher Kreditnehmer genau die Höhe

---

526 BGH NJW 1983, 2692, 2693. Siehe auch OLG Stuttgart VuR 1986, 21, Leitsatz 13, das von einer arglistigen Täuschung des Kreditnehmers spricht. Vgl. im übrigen LG Hechingen, Az. 2 U 319/85, zit. nach Reifner, Kreditrecht § 20 Rdz. 141 sowie BGH BB 1987, 226, 227 und ZIP 1985, 466, 467.

527 BGH WM 1989, 665, 666.

528 Ebd.; vgl. auch BGH WM 1990, 918, 919/920 und WM 1988, 364, 365 sowie LG Frankfurt/Main VuR 1995, 324/325.

529 BGH NJW 1986, 2564, 2565; NJW 1982, 2433, 2435.

530 OLG Hamm NJW-RR 1987, 818.

seiner effektiven finanziellen Belastung erkennen kann und zwar sowohl bei pünktlicher Zahlungsweise als auch im Verzug. Genügt die Ausgestaltung des Kreditvertrages diesen Anforderungen nicht, so muß sie wegen ihrer Undurchschaubarkeit als ein zusätzlich belastender Geschäftsumstand angesehen werden.[531]

c) Umschuldungsnachteile

Auch Umschuldungsnachteile bei externer Umschuldung zählen zu den belastenden Gesichtspunkten.[532] Zusammen mit weiteren Umständen[533], insbesondere mit einem hohen vertraglichen Effektivzins[534], bewirken sie sogar die Sittenwidrigkeit des Kreditvertrages. Ein auffälliges Leistungsmißverhältnis muß nicht vorliegen.[535] Voraussetzung ist jedoch, daß die Bank den Kreditnehmer pflichtwidrig nicht über die Umschuldungsnachteile aufklärt oder ihn zur Umschuldung veranlaßt bzw. die Kreditvergabe von der Umschuldung abhängig macht.[536] Um festzustellen, ob die Umschuldung für den Kreditnehmer nachteilig ist, hat die Bank während der Vertragsverhandlungen eine Abwägung der Vor- und Nachteile durchzuführen, die sich für den Kreditnehmer beim Abschluß des Kreditvertrages ergeben könnten. Dabei hat sie zu beachten, zu welchen Bedingungen der vorherige Kredit ausgeliehen wurde, in welcher Höhe er noch valutiert und in welchem Verhältnis die abzulösenden Verpflichtungen zum Umfang der beabsichtigten Gesamtkreditaufnahme stehen.[537] Zu berücksichtigen sind jeweils die gesamten Kreditkosten[538], also auch die Kosten für Verzugszinsen.[539] Ergibt die Abwägung eine zu erwartende unverhältnismäßige Erhöhung der finanziellen Gesamtbelastung des Kreditnehmers, so scheidet die Umschuldung wegen wirtschaftlicher Unvertretbarkeit aus, anderenfalls wäre das Bankenverlangen sittenwidrig.[540]

---

531 Vgl. Reifner, Kreditrecht § 20 Rdz. 142; siehe auch die unveröffentlichten Entscheidungen des LG Dortmund, Az. 17 S 95/87 und LG Krefeld, Az. 4 O 631/86, zit. nach Reifner, ebd.

532 BGH NJW-RR 1991, 501; NJW 1990, 1597; NJW 1990, 1048; NJW 1988, 1661; NJW 1988, 1659; NJW 1988, 818; OLG Celle WM 1986, 1244.

533 BGH NJW 1990, 1048, 1049 unter Punkt II.2.

534 BGH NJW-RR 1991, 501, 502; NJW 1988, 818, 819.

535 BGH NJW-RR 1991, 501, 502; NJW 1990, 1048, 1049, NJW 1988, 818.

536 BGH NJW 1990, 1597, 1598; NJW 1990, 1048, 1049; NJW 1988, 1661, 1663; NJW 1988, 1659; NJW 1988, 818.

537 BGH NJW 1988, 818, 819.

538 BGH NJW-RR 1991, 501, 502.

539 OLG Celle WM 1986, 1244.

540 BGH NJW-RR 1991, 501, 502; NJW 1990, 1597, 1598; NJW 1990, 1048, 1049; NJW 1988, 818, 819.

d) Finanzielle Überforderung

Zu nennen ist ebenfalls die finanzielle Überforderung des Kreditnehmers. Grundsätzlich kann sie aber nicht allein, sondern nur zusammen mit weiteren Aspekten die Sittenwidrigkeit eines Kreditgeschäfts begründen.[541]

Ausnahmsweise ist bei ausgewogenen Bedingungen die Wirksamkeit des Vertrages zu versagen, wenn der Kreditnehmer im Gegensatz zur mit ihm verhandelnden Bank, die Überforderung bei Abschluß des Kreditvertrages nicht eindeutig erkennt[542], z.B., weil er gerade volljährig geworden und noch völlig unerfahren ist.[543] Besitzt der Verhandlungspartner davon Kenntnis oder trägt er selbst noch zur Verschleierung der Kreditbelastung bei, kann dies die Annahme eines sittenwidrigen Kreditgeschäfts rechtfertigen.[544]

e) Überrumpelungspraktiken und Haustürgeschäfte

Aufzuführen bleiben auch Überrumpelungspraktiken und Haustürgeschäfte. Das gilt für die erste Fallgruppe, sofern die Bank den Kreditnehmer über einen Kreditvermittler einen vorgedruckten und noch weiter auszufüllenden Text des Vertrages vorlegt, ihn blanko unterzeichnen läßt und anschließend die vollständige Ausfüllung selbst vornimmt.[545]

Bei folgenden Haustürgeschäften bejahte die Rechtsprechung überdies Sittenwidrigkeit:

1. Vornahme eines Möbelkaufs wegen überraschenden Haustürangebots, fehlender Qualitätsprüfung, unbilliger Verzugsfolgen und bedeutungsloser Preisgarantie, wobei der Vertrag auf vorherige Ankündigung des Verkäufers über einen Informationsbesuch für günstigen Möbeleinkauf zustande kam.[546]

---

541 BGH NJW 1991, 923, 924/ 925; NJW 1989, 1276, 1277; WM 1989, 595, 597; NJW 1982, 1457, 1458; OLG Karlsruhe NJW-RR 1987, 299, 300; OLG Köln ZIP 1987, 363, 365; ZIP 1985, 22, 24; OLG Frankfurt/Main ZIP 1984, 1465, 1466/1467.

542 BGH NJW 1990, 1034, 1035.

543 BGH WM 1989, 595, 597; OLG Bamberg NJW-RR 1987, 1334, 1335; vgl. auch noch BGH WM 1982, 630. Zur älteren Rechtsprechung siehe BGH NJW 1966, 1451.

544 BGH WM 1989, 595, 597; vgl. im übrigen speziell zur Zumutung erhöhter Raten bei erkennbar schlechter finanzieller Situation des Kreditnehmers OLG Celle VuR 1987, 151; OLG Düsseldorf WM 1984, 157, 158; OLG Hamm, Az. 11 U 263/79; LG Lübeck NJW 1987, 959 und Reifner, Kreditrecht § 20 Rdz. 147 sowie zur Kreditaufstockung, welche die Überschuldung herbeiführt, BGH NJW 1982, 2433; OLG Düsseldorf, Az. 17 U 207/81 und Reifner, a.a.O. Rdz. 148.

545 BGH NJW 1980, 2074, 2076.

546 BGH ZIP 1988, 582.

2. Werkvertrag über einen Fassadenanstrich. Der Vertreter sucht einen über 81 Jahre alten gebrechlichen Kunden ohne Aufforderung und Anmeldung zu Hause auf, macht ihm den Vorschlag, das Haus streichen zu lassen und läßt sich an Ort und Stelle einen Vertrag über 14.000 DM unterzeichnen.[547]
3. Aussteueranschaffungsverträge. In der ersten Entscheidung vom 10.03.1982 sah der BGH[548] einen Aussteueranschaffungsvertrag mit Ansparvereinbarung unter folgenden Voraussetzungen als sittenwidrig an: Unausgewogenes Verhältnis zwischen Leistung und Gegenleistung, keine Sicherung der Ansparraten bei Konkurs des Aussteuerverkäufers, nur gering vorteilhafte Preisgarantie, Umstände des Vertragsabschlusses.[549]
   Der zweiten Entscheidung vom 10.03.1982[550] lagen folgende Voraussetzungen zugrunde: Abschluß eines vorformulierten, in seiner Ausgestaltung im einzelnen nur schwer überschaubaren Vertrages im Rahmen eines Haustürgeschäfts, fehlende Aufklärung bei Vertragsschluß, Versäumnis des Verkäufers, sich nach den Möglichkeiten einer ordnungsgemäßen Vertragserfüllung des Käufers zu erkundigen, obwohl in dieser Hinsicht Anlaß bestand, weil sich Zweifel geradezu aufdrängten.[551]

f) Zusammenarbeit mit negativ hervorgetretenen Kreditvermittlern

Ferner zählt die Zusammenarbeit einer Bank mit negativ hervorgetretenen Kreditvermittlern dazu.[552]

g) Mißachtung bankkaufmännischer Sorgfaltspflichten i.S.v. § 347 HGB

Schließlich kann auch noch die Mißachtung bankkaufmännischer Sorgfaltspflichten nach § 347 HGB in die Sittenwidrigkeitsprüfung einbezogen werden.[553] Bei Bankgeschäften obliegt der Bank allgemein die Pflicht, die Kundeninteressen zu schützen.[554] Speziell für Kreditgeschäfte muß sie interne Kreditwürdigkeitsrichtlinien berücksichtigen, da die Prüfung der Kreditwürdigkeit und der Rückzahlbarkeit von Krediten ein entscheidender Teil des Kreditgeschäfts ist.[555] Der

547 OLG Frankfurt/Main NJW-RR 1988, 501, Leitsatz.
548 BGH NJW 1982, 1455.
549 Ebd., S. 1456, 1457.
550 BGH NJW 1982, 1457.
551 Ebd., S. 1457, 1458.
552 AG Bremen, Az. 4 C 653/80; vgl. auch Reifner, Kreditrecht § 20 Rdz. 144.
553 Vgl. auch Reifner, ebenda § 22 Rdz. 18 ff.
554 Heymann-Horn, § 347 Rdz. 29.
555 Reifner, a.a.O. (Fußn. 553), Rdz. 19.

Haftungsmaßstab des § 347 HGB besteht also nicht nur innerhalb bereits abgeschlossener Verträge, sondern erfaßt auch die vor- und außervertragliche Verantwortlichkeit des Kaufmanns, vor allem nach c.i.c.[556]

III. Die mögliche Relevanz der Rechtsprechung für ritterschaftliche Hypothekendarlehensverträge

1. Die Bedeutung der älteren Gewerbekreditrechtsprechung

Die Gewerbekreditrechtsprechung dürfte für die Geschäfte des ritterschaftlichen Kreditinstituts/-vereins eher von geringer Bedeutung sein. Ritterschaftliche Darlehen liefen über 20 Jahre.[557] Selbst wenn man überhöhte Kreditkosten, wie etwa eine Maklerprovision[558] i.H.v. bis zu 5%[559] der beantragten Darlehenssumme und Kapitalbeschaffungskosten i.H.v. bis zu 13% der Darlehenssumme berücksichtigt, so wird man auch in Hochzinsphasen mit einem Nominalzins i.H.v. 11,5% p.a. nicht zu einem absoluten Zinssatz von über 30% p.a. gelangen, zumal die Kapitalbeschaffungskosten regelmäßig in zwei oder vier Halbjahresraten[560]

---

556 Heidelberger Kommentar, § 347 Rdz. 3.

557 Vgl. Magazin „stern", Ausg. 14/87, S. 270, 271; siehe auch bereits oben, S. 32.

558 Nach der BGH-Entscheidung vom 19.02.1991 (BGH ZIP 1991, 359 ff.), die in einem Rechtsstreit gegen die BfG Oldenburg erging, bilden Vermittlungsgebühren einen Teil der Kosten des Kreditnehmers, die im Rahmen des Wertvergleichs bei § 138 Abs. 1 BGB zu berücksichtigen sind. Das gilt nicht nur für die Konsumtenratenkredite von Teilzahlungsbanken, sondern auch für Kredite von Banken - wie die BfG -, die über ein dichtes Zweigstellennetz verfügen, wo die Kunden Kredite direkt am Schalter beantragen können. Anders als bei Teilzahlungsbanken begünstigt dort die Maklertätigkeit die Bank zwar nicht in finanzieller und organisatorischer Hinsicht, dennoch sind auch bei solchen Banken die Vermittlungsprovisionen in die Kreditkosten einzubeziehen, sobald die Bank eng mit dem entsprechenden Makler zusammenwirkt, ihn gezielt zur Kreditvermittlung einschaltet und über seine Provisionshöhe informiert ist (vgl. BGH, ebd., S. 360; siehe des weiteren allgemein zur vorstehend geschilderten Problematik BGH WM 1986, 1519/1520 und NJW 1981, 1206/1207). Da das ritterschaftliche Kreditinstitut aber im Gegensatz zur BfG noch nicht einmal über ein Zweigstellennetz verfügte und obendrein die in Rede stehenden Kredite nicht am Bankschalter vergab, wird man auch hier die Maklerhonorare als Teil der Kreditkosten ansehen müssen, zumal der Vorstand bzw. die Kreditkommission Kenntnis von der Provisionshöhe gehabt haben dürften (siehe den auszugsweisen Abdruck der Geschäftsbedingungen im Anhang).

559 Zu überhöhten Vermittlungsentgelten und deren Rechtsfolgen im einzelnen später noch näher.

560 Siehe den auszugsweisen Abdruck der Geschäftsbedingungen im Anhang.

anfielen. Etwas anderes läßt sich auch nicht den oben erwähnten Zeitungsberichten über die ritterschaftlichen Praktiken entnehmen.[561] Dennoch wird man aber wohl davon ausgehen können, daß die Hypothekendarlehensverträge, zumindest in den ersten Jahren ihrer Laufzeit, einen überhöhten Marktzins aufwiesen.

2. Die Bedeutung der neueren Konsumentenkreditrechtsprechung

Im Gegensatz zur älteren Gewerbekreditrechtsprechung wird die neuere Konsumentenkreditrechtsprechung hier von größerer Relevanz sein. Das betrifft insbesondere die Rechtsprechung zur Unwirksamkeit von Verzugszinsklauseln, zu den Umschuldungsnachteilen sowie zur finanziellen Überforderung des Kreditnehmers. Wie bereits oben[562] dargelegt, kommt diesen Umständen unter bestimmten Voraussetzungen eine erhöhte Bedeutung im Rahmen der Sittenwidrigkeitsprüfung zu. So ist vor allem für die Annahme eines sittenwidrigen Geschäfts das Vorliegen des sogenannten Leistungsmißverhältnisses keinesfalls erforderlich. Unwirksame Verzugszinsklauseln und Umschuldungsnachteile können, jeweils mit einem überhöhten Vertragszins und weiteren belastenden Geschäftsumständen, die Sittenwidrigkeit eines Vertrages begründen.[563] Die finanzielle Überforderung des Kreditnehmers reicht hierfür bereits für sich allein aus - auch im Fall eines marktüblichen Zinssatzes - vorausgesetzt dem Kreditnehmer ist die Überforderung, etwa infolge seiner altersbedingten Unerfahrenheit, nicht ersichtlich.[564] Dieses kann aber nicht minder für die hier untersuchten gewerblichen Kredite gelten, deren Besonderheiten jedoch bei der Gesamtwürdigung zu beachten sind.[565]

Eine Gesamtwürdigung ritterschaftlicher Hypothekendarlehensverträge ergibt damit folgendes Bild:

Die ritterschaftliche Verzugszinsklausel stufte der BGH[566] bereits als unangemessen ein. Nach besagter Klausel konnte sich der Nominalzins in dem Augenblick um 4% erhöhen, in dem der Kreditnehmer eine Zins-, Tilgungs- oder Kapitalbeschaffungskostenleistung nicht innerhalb von 14 Tagen vollständig beglich.[567] Der Verzugsverfall wird überdies in vielen Fällen bei Vertragsabschluß

561 Siehe oben, S. 27 ff.
562 Siehe oben, S. 114 ff.
563 Siehe oben, S. 114 ff. Zur Problematik der Durchschaubarkeit von Kreditvertragsbedingungen im kaufmännischen Verkehr sowie ihre Bewandtnis für landwirtschaftliche Kreditnehmer im einzelnen sogleich noch näher.
564 Siehe oben, S. 123.
565 Siehe oben, S. 112 ff.
566 BGH ZIP 1988, 1450, 1452.
567 Siehe oben, S. 32; vgl. auch den auszugsweisen Abdruck der Geschäftsbedingungen im Anhang.

nahe gelegen haben, insbesondere wegen der schlechten finanziellen Lage der betroffenen Landwirte und den von ihnen in den ersten Jahren aufzubringenden überhöhten Vertragszinsen, vor allem bedingt durch die Zahlung der Maklerprovisionen und der Kapitalbeschaffungskosten. Zudem enthielten die ritterschaftlichen Kreditbedingungen eine Reihe unwirksamer Vereinbarungen. Zu nennen ist hier zunächst die unwirksame Zinsanpassungsklausel[568], weil sie dem Kreditnehmer kein Vertragslösungsrecht für den Fall der Zinsanpassung zubilligt. Des weiteren zu erwähnen ist die Klausel zur nachschüssigen Tilgungsverrechnung[569], zumal gegenüber den Kreditnehmern keine Offenlegung ihrer zinssteigernden Wirkung stattfand.[570] Zu den belastenden Geschäftsumständen gehört auch die unwirksame ritterschaftliche Kapitalbeschaffungskostenklausel.[571] Eine Innenprovision wiesen die Kreditbedingungen des ritterschaftlichen Kreditinstituts nicht aus[572], sie dürfte dennoch, zumindest einigen Maklern, tatsächlich gezahlt worden sein. Im Einzelfall konnte vom Kreditinstitut auch nicht der Nachweis erbracht werden, daß das dem Kreditnehmer gewährte Darlehen in die Deckungsmasse für Schuldverschreibungen floß, weshalb die Ritterschaft bei Kreditkündigung in unzulässiger Weise eine Vorfälligkeitsentschädigung beanspruchte.[573]

In Betracht kommt weiter eine mögliche undurchsichtige Gestaltung ritterschaftlicher Darlehensverträge. Insbesondere hing die Kreditvergabe wohl teilweise vom Abschluß einer Kapitallebensversicherung ab, an welcher Kreditneh-

568 Siehe oben, S. 119; vgl. den auszugsweisen Abdruck der Geschäftsbedingungen im Anhang.

569 Vgl. den auszugsweisen Abdruck der Geschäftsbedingungen im Anhang.

570 Was die Transparenz der ritterschaftlichen Klausel zur nachschüssigen Tilgungsverrechnung anbetrifft, so könnte hier die Rechtsprechung zur Ausnahme vom Transparenzgebot für Kaufleute eingreifen. Wenn auch wohl die Ansicht des KG Berlin (siehe oben, S. 120, Fußn. 521) zuweitgeht, wonach generell gewerbliche Kreditnehmer hiervon ausgenommen sind, so bleibt dennoch die BGH-Rechtsprechung zu beachten, welche das Schutzbedürfnis kaufmännischer Kreditnehmer bei der Durchschaubarkeit vertraglicher Regelungen verneint (siehe oben, S. 120). Indes stellt der BGH ausdrücklich auf den Kaufmannsbegriff in § 24 S. 1 AGBG ab (vgl. BGH WM 1995, 1262, 1263). Kaufleute i.S.d. Vorschrift sind aber nur Kaufleute nach §§ 1-6 HGB, während sie für sonstige Gewerbetreibende und Angehörige freier Berufe unanwendbar ist (vgl. Palandt-Heinrichs § 24 AGBG Rz. 12). Da Landwirte aber nur die Möglichkeit besitzen, sich nach § 3 HGB als Kann-Kaufmann ins Handelsregister eintragen zu lassen, wovon in der ritterschaftlichen Kreditpraxis allerdings wohl kaum jemand Gebrauch machte, wird man die landwirtschaftlichen Kreditnehmer hier generell als schutzbedürftig ansehen müssen.

571 Siehe oben, S. 120; vgl. auch den auszugsweisen Abdruck der Geschäftsbedingungen im Anhang.

572 Vgl. den auszugsweisen Abdruck der Geschäftsbedingungen im Anhang.

573 Vgl. BGH ZIP 1988, 1450, 1452; siehe auch bereits oben, S. 118.

mer regelmäßig kein Interesse haben, wenn Altkredite abgelöst werden.[574] Eine undurchsichtige Vertragsformulargestaltung wird zudem daraus resultieren, daß einige Darlehensbedingungen bereits in den Darlehenszusageschreiben an die Kreditnehmer genannt waren. Darüber hinaus verwendete das Kreditinstitut vorformulierte Schuldurkunden zur notariellen Beurkundung, die ergänzende, aber auch abweichende Vereinbarungen enthielten.[575] Diese Form der Vertragsgestaltung ist nicht zu durchblicken, weil bereits das Zusageschreiben konstitutiv den Abschluß eines Darlehensvertrages bewirkt, während die Schuldurkunde nurmehr noch deklaratorischen Charakter besitzt.[576] Die Kreditnehmer blieben also im Einzelfall darüber im unklaren, ob für ihre Geschäftsbeziehung zum ritterschaftlichen Kreditinstitut nun der Inhalt des Darlehenszusageschreibens oder der ergänzenden bzw. abweichenden Vereinbarungen der Schuldurkunde zutraf.[577]

Auch Umschuldungsnachteile kommen für ritterschaftliche Kreditnehmer in Frage.[578] Das gilt ebenfalls für eine finanzielle Überforderung der Kreditnehmer, von der offenbar selbst der Bankvorstand ausging.[579] Die Vermittlung der Kreditverträge geschah überwiegend im Rahmen von Hausbesuchen[580], bei denen eine zusätzliche Überrumpelung denkbar ist, etwa in der Form, daß Landwirte Blankounterschriften unter Verträge leisteten oder man ihnen keine Vertragsduplikate aushändigte.[581]

Im Rahmen der Gesamtwürdigung müssen ferner die möglichen Verstöße gegen das Reisegewerbekreditvermittlungsverbot berücksichtigt werden, soweit die Geschäfte deswegen nicht schon mit § 134 BGB kollidieren.[582] Ebenso Verstöße gegen das RBerG.[583] Zu beachten sind abschließend die Zusammenarbeit mit negativ hervorgetretenen Kreditvermittlern, die eventuelle Mißachtung bankkaufmännischer Sorgfaltspflichten sowie unter Umständen Verstöße gegen die Satzungen des Kreditinstituts.[584]

---

574 Siehe oben, S. 121.

575 Siehe oben, S. 32/33; vgl. auch den auszugsweisen Abdruck der Geschäftsbedingungen im Anhang.

576 Vgl. OLG Frankfurt/Main NJW 1989, 2264; OLG Hamburg NJW-RR 1986, 403; Metz NJW 1991, 668, 670/671.

577 Vgl. den auszugsweisen Abdruck der Geschäftsbedingungen im Anhang.

578 Siehe oben, S. 27 ff. und insbesondere auch S. 122.

579 Vgl. Magazin „stern", Ausg. 14/87, S. 270, 271; siehe im übrigen bereits oben, S. 27 ff. und insbesondere auch S. 123.

580 Vgl. BGH WM 1992, 8. Die Entscheidung erging in einem Rechtsstreit gegen die BRH. Siehe auch bereits oben, S. 27 ff. und insbesondere auch S. 123/124.

581 Siehe oben, S. 27 ff. und insbesondere auch S. 123/124.

582 Siehe oben, S. 27 ff. und insbesondere auch S. 57 ff. sowie S. 123/124.

583 Siehe oben, S. 93 ff.

584 Siehe oben, S. 27 ff. und insbesondere auch S. 39 ff. sowie S. 124/125.

E. Die Nichtigkeit der Kreditverträge gem. §§ 139, 138 BGB wegen sittenwidriger Mithaftung naher Angehöriger

I. Die rechtliche Einheit der Geschäfte von Kreditnehmern und mithaftenden nahen Angehörigen

Nunmehr soll eine mögliche Nichtigkeit ritterschaftlicher Hypothekendarlehensverträge nach §§ 139, 138 BGB wegen der Einbeziehung naher Angehöriger in die Kreditgeschäfte untersucht werden. Dabei bleibt zunächst die Frage zu klären, ob bei den Verträgen zwischen den Kreditnehmern und der Bank einerseits sowie den mithaftenden Angehörigen und der Bank andererseits eine rechtliche Einheit besteht. Allgemein verlangt die höchstrichterliche Rechtsprechung für die Anwendung des § 139 BGB, daß beide Geschäfte miteinander „stehen und fallen". Das heißt, der eine Vertrag wird nur um des anderen Willen abgeschlossen. Es muß ferner ein Einheitlichkeitswille, zumindest von einer Partei bestehen, der für die andere Partei erkennbar ist, wenn er nicht sogar gebilligt oder hingenommen wurde. Vereinfacht ausgedrückt würde das für die hier interessierenden Kreditgeschäfte bedeuten: Die Bank wäre nicht bereit, einen Kredit ohne die Mitverpflichtung der nahen Angehörigen zu gewähren und umgekehrt hätte die Mithaft an sich ohne den Kreditvertrag selbst keinen Sinn.[585]

Konkret wurde vom BGH eine rechtliche Einheit bei den Kreditgeschäften von Ehegatten[586] sowie bei Kreditgeschäften mehrerer Kreditnehmer[587] bejaht. Das gilt insbesondere dann, wenn sich Darlehensvertrag und Mitverpflichtungserklärung in ein und derselben Vertragsurkunde wiederfinden.[588] Nach alledem wird man hier aber - und zwar auch unabhängig davon, ob Darlehensvertrag und Mithaftungsvereinbarung in derselben Vertragsurkunde stehen - eine rechtliche Einheit i. S. v. § 139 BGB zwischen dem Darlehensvertrag und der Mitverpflichtungserklärung des nahen Angehörigen bejahen müssen.

---

585 Vgl. allgemein zu den Voraussetzungen der rechtlichen Einheit nach § 139 BGB BGHZ 101, 393, 397; BGH WM 1994, 1711/1712; WM 1994, 74/75; NJW 1990, 764, 765/766; WM 1987, 215, 216/217; WM 1980, 405, 406; NJW 1976, 1931, 1932.

586 BGH NJW 1991, 39, 40.

587 BGH NJW 1970, 240, 241.

588 BGHZ 54, 71, 72; BGH DNotZ 1975, 152.

II. Die Voraussetzungen der unzulässigen Mithaftung

1. Rechtsprechung des BVerfG

a) Die Entscheidungen vom 19.10.1993

aa) Verfahren 1 BvR 567/89

Die Rechtsprechung zur sittenwidrigen Mithaftung naher Angehöriger ist im untersuchten Zeitraum teilweise noch unklar und unsicher.[589] In einer Reihe von Fällen gab es zudem eine Zurückverweisung der Sache. So etwa vom BVerfG[590] an den BGH oder vom BGH[591] an das jeweilige Berufungsgericht. Aus diesem Grund sollen hier die Entscheidungen - beginnend mit der Rechtsprechung des BVerfG - ein wenig ausführlicher dargelegt werden. Einerseits beabsichtigt diese Vorgehensweise damit dem anwaltlichen Praktiker eine erleichterte Anwendung zu ermöglichen; andererseits soll auch der allgemeinen Bedeutung der vorliegenden Arbeit für das Gewerbe- und Verbraucherkreditrecht Rechnung getragen werden.[592]

Das BVerfG beschäftigte sich in seinen Beschlüssen vom 19.10.1993[593] und vom 05.08.1994[594] erstmalig mit den Voraussetzungen der unerlaubten Mitverpflichtung naher Angehöriger. Das Verfahren 1 BvR 567/89 vom 19.10.1993[595] betraf den Fall einer 21jährigen ungelernten Fischereiarbeiterin, die sich in Höhe von 100.000 DM selbstschuldnerisch für alle bestehenden und künftigen Verbindlichkeiten ihres Vaters aus dessen Geschäftsbeziehung zu einer Sparkasse verbürgte.[596]

Der für die Verfassungsbeschwerde zuständige Erste Senat sah darin das Eingehen eines nicht mehr zu billigenden Haftungsrisikos.[597] Er monierte, daß sich die Bürgin aller Wahrscheinlichkeit nach, und für das Kreditinstitut bei Vertragsbeginn vorhersehbar, lebenslang nicht mehr von den eingegangenen Verpflich-

---

589 Vgl. hierzu Honsell EWiR 1996, 1121, 1122; siehe aber auch noch Bydlinski EWiR 1996, 833, 834; Hensen EWiR 1997, 49, 50; Reifner VuR 1996, 167, 169.

590 Vgl. die Entscheidung des BVerfG vom 19.10.1993, Az. 1 BvR 567/89; veröffentlicht in NJW 1994, 36.

591 Vgl. BGH NJW 1998, 597; NJW 1997, 1980; NJW 1997, 257; NJW 1997, 52; ZIP 1996, 1126; ZIP 1996, 65; WM 1995, 900; WM 1994, 676.

592 Siehe hierzu bereits oben, S. 35 ff.

593 BVerfG NJW 1994, 36.

594 BVerfG NJW 1994, 2749.

595 BVerfG NJW 1994, 36.

596 Ebd., S. 37.

597 Ebd., S. 38 ff.

tungen würde lösen können, zumal sie 1982 bei Abgabe ihrer Erklärung lediglich ein monatliches Nettoeinkommen i.H.v. 1.150 DM besaß und nur pfändbare Einkünfte i.H.v. monatlich 413,70 DM existierten. Tatsächlich verwirklichte sich das Haftungsrisiko auch. So erreichte die Bürgschaftsschuld im Jahr 1992, in Folge Verzuges mit der Rückführung, den Betrag von 160.000 DM und die seit 1991 alleinerziehende Mutter eines Sohnes, die fortan von Sozialhilfe und Erziehungsgeld lebte, blieb nicht in der Lage, diese ständig wachsende Summe zu tilgen.[598] Erschwerend kam hinzu, daß die vor der Übernahme der Bürgschaft häufig arbeits- und zudem vermögenslose Beschwerdeführerin, die kein eigenes wirtschaftliches Interesse an der Kreditgewährung hatte, haftungsrechtlich einer Teilhaberin ihres Vaters gleichkam, obwohl dort selbst geschäftserfahrene Personen nicht in der Lage gewesen wären, das Risiko einer Inanspruchnahme aus der Bürgschaft überblicken zu können, zumal der Vertrag nur eine Höchstgrenze hinsichtlich der Hauptforderung auswies, während die erheblichen Zinsen und Kosten hinzuaddiert werden mußten, ohne daß hierfür jedoch eine Berechnungsgrundlage Erwähnung fand. Das obendrein noch nahezu sämtliche bürgschaftsrechtliche Schutzvorschriften des BGB zugunsten der Sparkasse abgedungen waren, legte nach erfolgter Gesamtwürdigung den Schluß nahe, daß der Vertrag für die Bürgin gänzlich an Transparenz mangelte. Diese massive Unterlegenheit der jungen Frau gegenüber ihrem Geschäftspartner vermochte aber noch nicht den Schluß auf eine Sittenwidrigkeit rechtfertigen. Maßgebend hierfür war nach Ansicht des BVerfG vielmehr zusätzlich die Art und Weise des Vertragsabschlusses sowie das Verhalten der überlegenen Partei. So rügte das Gericht die Verletzung der Aufklärungs- und Hinweispflicht des Geldhauses, insbesondere weil deren Angestellter das Haftungsrisiko gegenüber der Beschwerdeführerin verharmloste.[599]

bb) Verfahren 1 BvR 1044/89

Das Verfahren 1 BvR 1044/89[600] behandelte die selbstschuldnerische Bürgschaft einer einkommens- und vermögenslosen Hausfrau und Mutter von zwei Kindern im Alter von ein und acht Jahren, die sich für den Konsumentenkredit ihres Ehemannes i.H.v. 30.000 DM mitverpflichtete.[601] Die Sittenwidrigkeit des Vertrages wurde verneint, weil der Darlehensbetrag nicht außergewöhnlich hoch war und der Kredit der Anschaffung eines gemeinsamen Hausstandes diente, somit auch

598 Ebd., S. 37 ff.
599 Ebd.
600 Ebd.
601 Ebd., S. 37.

im Interesse der Ehefrau lag. Anhaltspunkte dafür, daß man die Bürgin bei dem Zustandekommen des Vertrages etwa zur Abgabe ihrer Erklärung nötigte oder in sonstiger Weise in ihrer Entscheidungsfreiheit behinderte, fanden sich ebensowenig wie eine Auskunfts- und Beratungspflichtverletzung seitens der Bank.[602]

b) Die Entscheidung vom 05.08.1994

Demgegenüber bejahte die 1. Kammer des Ersten Senats in ihrem Beschluß vom 05.08.1994[603] die Sittenwidrigkeit eines Bürgschaftsvertrages. Ein verlobtes Paar im Alter von 20 und 22 Jahren, welches als Packerin und Umschüler monatlich netto 1.100 DM und 900 DM erhielt, verbürgte sich jeweils selbstschuldnerisch i.H.v. 260.000 DM zuzüglich Zinsen, Provisionen und Kosten für alle bestehenden und künftigen Ansprüche einer Bank aus deren Geschäftsverbindung zu den Eltern bzw. zukünftigen Schwiegereltern. Letztere beabsichtigten ein Eigenheim zu errichten und entschieden sich für eine Bauzwischenfinanzierung i.H.v. zunächst 260.000 DM und später 310.000 DM zu einem variablen Zinssatz von anfänglich 14,5%. Nur ein Elternteil verfügte über ein Einkommen und zwar in Höhe von monatlich 1.700 DM netto. Der mithaftende angehende Schwiegersohn unterlag zudem der Wehrüberwachung. Drei Jahre nach der Kreditgewährung kündigte die Bank den Vertrag, verlangte die sofortige Rückzahlung von ca. 400.000 DM und nahm die Bürgen i.H.v. etwa 280.000 DM einschließlich Zinsen und Kosten in Anspruch.[604] Die finanzielle Überforderung der Bürgen resultierte hier schon aus der Unfähigkeit, die Zinsen für den Kredit aufzubringen, für die sie zusätzlich zum Bürgschaftsbetrag einstehen mußten. Ferner deuteten ihre Ausbildung sowie ihre bisherige und zukünftig zu erwartende berufliche Weiterentwicklung darauf hin, daß sie auf Lebenszeit überschuldet bleiben würden. Die Beurteilung des eingegangenen Risikos erschien unmöglich, wegen fehlender Lebens- und Geschäftserfahrung als Folge des jugendlichen Alters und unzureichender beruflicher Qualifikationen. Abgesehen davon trug die enge private Beziehung der Bürgen untereinander und ihre familiäre Bande mit den Kreditnehmern zur Beeinträchtigung ihrer Entscheidungsfreiheit bei, insofern als sie sich zur Abgabe ihrer Erklärung gezwungen sehen konnten. Die fehlende Aufklärung und Beratung der Bürgen indizierte zudem eine unüberlegte Unterzeichnung der Vertragsurkunden, so daß insgesamt eine nicht mehr zu aktzeptierende Vereinbarung bestand.[605]

602 Ebd., S. 39.
603 BVerfG NJW 1994, 2749.
604 Ebd.
605 Ebd., S. 2750.

c) Die Entscheidung vom 02.05.1996

Der Beschluß des BVerfG vom 02.05.1996[606] betraf den Fall einer 200.000 DM-Bürgschaft, welche die Ehefrau eines selbständigen Bauhandwerkers einging. Sie arbeitete als Lohnbuchhalterin im Betrieb ihres Mannes und verfügte über ein monatliches Nettoeinkommen i. H. v. 2.500 DM. Der Senat verneinte hier eine Sittenwidrigkeit. So besaß nämlich die als geschäftserfahren angesehene Ehefrau ein wirtschaftliches Eigeninteresse an der Kreditgewährung, die ihrem Mann zugute kam, und wurde bei Abgabe der Bürgschaft nicht in ihrer Entscheidungsfreiheit beeinträchtigt. Der pfändbare Teil ihres Einkommens und des Einkommens ihres Ehemannes genügte, um nicht nur die Kreditzinsen sondern auch um einen beachtlichen Teil der Tilgung zu bedienen.[607]

2. Rechtsprechung des BGH

a) Die Entscheidungen des 11. Zivilsenats

aa) BGH NJW 1991, 923 und NJW 1993, 322

Der BGH hat sich bisher einundzwanzigmal[608] mit der Mithaftung naher Angehöriger auseinandergesetzt. Von Interesse sind zunächst die Urteile des 11. Zivilsenats vom 22.01.1991[609] und vom 24.11.1992[610], welche die sittenwidrige Mitverpflichtung von Frauen an den Gewerbekrediten ihrer Ehemänner behandeln. Konform gehend mit dem BVerfG[611] verlangt der 11. Zivilsenat des BGH hierfür zunächst die finanzielle Überforderung des Ehepartners. Dieser hat offenzulegen, daß er wegen seiner Einkommens- und Vermögenssituation weder bei Abschluß des Vertrages noch in absehbarer Zukunft einen nennenswerten Beitrag zur Schuldentilgung zu leisten vermag. Er muß daher beweisen, daß er wegen seiner schulischen und beruflichen Ausbildung und Erfahrung sowie durch die mit der Haushaltsführung und Kinderziehung verbundene familiäre Belastung, selbst

606 BVerfG ZIP 1996, 956.
607 Ebd., S. 956/957.
608 Vgl. die Entscheidungen des 11. Zivilsenats (BGH NJW 1997, 1773; NJW 1997, 257; ZIP 1994, 773; NJW 1993, 322; NJW 1991, 923) und des 9. Zivilsenats (BGH NJW 1998, 894; NJW 1998, 597 (Az. IX ZR 271/96 und IX ZR 135/96); ZIP 1997, 1957; ZIP 1997, 409; ZIP 1997, 406; NJW 1997, 1980; NJW 1997, 940; NJW 1997, 52; ZIP 1996, 1126; ZIP 1996, 495; ZIP 1996, 65; WM 1995, 900; ZIP 1995, 203; WM 1994, 680, WM 1994, 676).
609 BGH NJW 1991, 923.
610 BGH NJW 1993, 322.
611 Siehe oben, S. 130 ff.

aufgrund einer in Aussicht gestellten Erbschaft oder ähnlicher Vermögenszuwächse, voraussichtlich zu keinem Zeitpunkt in der Lage sein wird, sich von seinen Verbindlichkeiten zu lösen. Darüber hinaus müssen weitere Umstände bei Vertragsabschluß erfüllt sein, wie eine Überrumpelung der Betroffenen an der Haustür oder eine Nötigung durch den Ehegatten zur Unterschriftsleistung - etwa durch den Appell an die eheliche Liebe und Hilfsbereitschaft - oder eine Bagatellisierung des Haftungsrisikos durch die Bank.[612] Der Mithaftende darf allerdings keinen unmittelbaren Vorteil[613] durch das Geschäft erhalten. Davon wäre aber auszugehen, wenn er beispielsweise durch den Kredit Miteigentum an einem Grundstück erlangt[614], nicht hingegen wenn er bei Gewerbekrediten an den anderen Ehepartner selbst keinen Einfluß auf die Geschicke des Unternehmens besitzt.[615]

bb) BGH ZIP 1994, 773

Die Entscheidung des BGH vom 26.04.1994[616] widmete sich einer 20jährigen vermögenslosen Ehefrau und Mutter, die lediglich über ein geringes Einkommen als Raumpflegerin verfügte und dem Darlehensvertrag ihres Mannes als Mitschuldnerin beitrat. Der Ehemann erwarb einen PKW, um seiner Leidenschaft für das Auto zu fröhnen, wofür er einen Kredit i.H.v. ca. 50.000 DM benötigte. Aufgrund der familiären Umstände - vor allem wegen der 16-20jährigen Unterhaltsbedürftigkeit zweier zu betreuender Kinder - wäre frühestens nach Ablauf dieser Zeit eine Kredittilgung durch die Ehefrau in Betracht gekommen. Ob diese allerdings vor dem Ruhestand wirklich zu einer Schuldbefreiung führen würde, mußte fraglich erscheinen. Der Schuldbeitritt der in geschäftlicher Hinsicht nicht erfahrenen Ehefrau geschah zudem in Beeinträchtigung einer freien Willensbildung. Ausschlaggebend für die Begründung der Sittenwidrigkeit des Vertrages blieb aber letztlich die Tatsache, daß sie nur - anders als bei einem Konsumentenkredit zur Anschaffung eines gemeinsamen Hausstandes - wenig Vorteile durch den Kfz-Kauf ihres Mannes erhielt, denen aber erhebliche Nachteile gegenüberstanden, wie vor allem ein schneller Wertverlust durch Abnutzung und ein möglicher Totalschaden durch einen Unfall.[617]

---

612 BGH NJW 1991, 923 ff.; NJW 1993, 322 ff.

613 Unschädlich bleiben mittelbare Vorteile wie das Aufbringen oder die Steigerung von Unterhaltsansprüchen; vgl. BGH NJW 1993, 322, 234.

614 Ebd., S. 323/324.

615 Vgl. BGH NJW 1991, 923, 925.

616 BGH ZIP 1994, 773 ff.

617 Ebd.

cc) BGH NJW 1997, 257 und 1773

Zwei weitere Verfahren gelangten 1996[618] und 1997[619] zum Abschluß. Dort ging es um die analoge Anwendung der Rechtsprechungsgrundsätze zur sittenwidrigen Mithaftung naher Angehöriger auf die Mithaftung von Ehepartnern bei öffentlich geförderten Eigenkapitalhilfedarlehen. Der BGH bejahte dieses unter Hinweis darauf, daß sich gerade bei derartigen Darlehen zur Existenzgründung leicht eine Haftung realisieren kann, woran auch zinsverbilligte öffentliche Gelder nichts zu ändern vermögen, weshalb der Mithaftende besonders schutzwürdig sei.[620]

In der Angelegenheit zum Az. XI ZR 274/95 vom 05.11.1996[621], die zur weiteren Sachverhaltsaufklärung an das Berufungsgericht zurückverwiesen wurde, stellte der BGH erneut[622] klar, daß lediglich mittelbare Vorteile des Mitverpflichteten am Kreditgeschäft - wie etwa ein höherer Familienunterhalt, die Chance auf eine größere Vermögensbildung oder ein steigender Zugewinnausgleich - den Ausschluß des § 138 Abs. 1 BGB nicht zu rechtfertigen vermögen. Auch darf der Kreditgeber mögliche Vermögensverlagerungen auf den einkommens- und vermögenslosen Ehepartner nicht durch eine unverhältnismäßige und unbegrenzte Mithaftung verhindern, sondern muß hierfür konkrete Abmachungen im Vertrag treffen.[623]

Die am 11.03.1997[624] zur Entscheidung anstehende Angelegenheit zum Az. XI ZR 50/96 galt dem Schuldbeitritt einer Ehefrau zu einem staatlich geförderten Eigenkapitalhilfedarlehen ihres Mannes i. H. v. 154.000 DM.

Die finanzielle Überforderung als erste Voraussetzung einer Sittenwidrigkeit, d. h. ein grobes Leistungsmißverhältnis[625], bejahte der BGH bei einer jährlichen Zinsbelastung von 13.398 DM und einem dem gegenüber stehenden Jahresnettoeinkommen i. H. v. 14.000 DM.

Hinzukommen mußten jedoch weitere besondere Umstände, wie etwa das Ausnutzen der geschäftlichen Unerfahrenheit oder einer seelischen Zwangslage oder eine sonstige unzulässige Beeinträchtigung der Entscheidungsfreiheit.[626]

---

618 BGH NJW 1997, 257.
619 BGH NJW 1997, 1773.
620 BGH NJW 1997, 257, 258. Vgl. auch BGH NJW 1997, 1773, 1774/1775.
621 BGH NJW 1997, 257.
622 Vgl. BGH NJW 1993, 322, 324. Siehe auch bereits oben, S. 133/134.
623 BGH NJW 1997, 257, 259.
624 BGH NJW 1997, 1773.
625 In BGH NJW 1993, 322 ff. wurde offengelassen, ob nicht bereits ein besonders grobes Leistungsmißverhältnis schon für sich genommen, also ohne Hinzutreten weiterer Umstände, zu einer Nichtigkeit führt. Vgl. hierzu BGH, ebd., S. 323.
626 BGH NJW 1997, 1773, 1774.

Diese Umstände sah der BGH vorliegend bereits darin verwirklicht, daß sich die Bank nicht für die Einkommens- und Vermögensverhältnisse des Ehegatten interessierte und ungeachtet dessen die Mithaft verlangte.[627] Besondere Umstände lagen hier ferner vor, weil ein Vertreter der Bank zum Arbeitsplatz der Ehefrau fuhr und diese zur Unterzeichnung der Haftungserklärung drängte. Die Ablehnung der Frau und die Übergabe der Vertragsdokumente an den Ehemann zur Einholung der Unterschrift war des weiteren geeignet, die Entschließungsfreiheit der Mithaftenden unzulässig zu beeinträchtigen.[628]

b) Die Entscheidungen des 9. Zivilsenats

aa) BGH WM 1994, 676 und WM 1994, 680

In seinen Urteilen vom 24.02.1994[629] befaßte sich der 9. Zivilsenat mit der Abgabe von Bürgschaften durch Kinder auf Veranlassung ihrer Eltern. Neben den bereits oben erwähnten Sittenwidrigkeitsaspekten in den Entscheidungen des BVerfG sowie des 11. Zivilsenats findet sich hier noch der Gesichtspunkt des § 1618 a BGB wieder. Besagte Vorschrift verpflichtet Eltern und Kinder gegenseitig dazu, sich auf Lebenszeit beizustehen und Rücksicht aufeinander zu nehmen. Diese Pflicht wird aber verletzt, wenn Eltern aus eigenem finanziellen Motiv ihre Kinder zur Abgabe einer nicht einzuhaltenden Bürgschaftserklärung bewegen. Ist das dem Geldhaus bekannt, oder zumindest grob fahrlässig unbekannt, so rechtfertigt das die Annahme eines sittenwidrigen Bürgschaftsversprechens.[630] Etwas anderes ergibt sich, wenn der Bürge Mitinhaber des elterlichen Betriebes ist, sofern er nicht lediglich infolge seiner jugendlichen Unerfahrenheit ein äußerst riskantes Vorhaben eingeht.[631]

---

627 Vgl. BGH, ebd., der in diesem Zusammenhang auf die Besonderheiten bei der Gewährung öffentlich verbilligter Existenzgründungskredite hinwies.

628 Ebd., S. 1775.

629 Vgl. BGH WM 1994, 680 und WM 1994, 676. Das Verfahren zum Az. IX ZR 227/93 (BGH WM 1994, 680) behandelte wieder die Bürgschaft der ungelernten Fischereiarbeiterin. Das Urteil des 9. Zivilsenats vom 16.03.1989 (BGH WM 1989, 667) war durch den oben aufgeführten Beschluß des BVerfG vom 19.10.1993 (BVerfG NJW 1994, 36) aufgehoben und zur erneuten Entscheidung an den 9. Zivilsenat zurückverwiesen worden.

630 BGH WM 1994, 676, 678/679; WM 1994, 680, 682.

631 BGH WM 1994, 676, 680.

bb) BGH ZIP 1995, 203 und WM 1995, 900

Zwei weitere Entscheidungen betrafen die Voraussetzungen der sittenwidrigen Ehegattenmithaftung.[632] Im Gegensatz zum 11. Senat ging der 9. Senat hier jedoch nicht grundsätzlich von der Sittenwidrigkeit eines Vertrages aus, mit welchem sich die geschäftsunerfahrene einkommens- und vermögenslose Ehefrau ohne eigenen Vorteil für ihren Mann verbürgt. Der Haftungsvereinbarung liegt nach seiner Ansicht vielmehr ein stillschweigendes pactum de non petendo zugrunde. Das heißt, der Gläubiger kann gem. § 242 BGB für die Zeit der Vermögenslosigkeit der Bürgin keinerlei Ansprüche aus der Bürgschaft herleiten. Kommt es dagegen aus steuer- oder haftungsrechtlichen Gründen zu Vermögensverschiebungen zugunsten der Ehefrau, so wird die Geltendmachung der Gläubigerrechte gegen den Hauptschuldner erheblich erschwert, wenn nicht gar unmöglich gemacht. Da zudem weder das Anfechtungsgesetz noch § 826 BGB dem Gläubiger einen ausreichenden Schutz gegen derartige Vermögensverlagerungen geben, gebietet es der Grundsatz von Treu und Glauben, daß sich der Gläubiger ggf. bei der Bürgin schadlos halten kann. Die Berufung auf § 242 BGB richtet sich nach den Grundsätzen über den Wegfall der Geschäftsgrundlage, d.h. der Vertrag ist den jeweiligen Gegebenheiten anzupassen, was sowohl zu einer unbegrenzten Haftung als auch zu einer völligen Haftungsfreistellung führen kann.[633] Der Bürgschaftszweck endet aber mit der Ehescheidung, weil ein Vermögenstransfer ab diesem Zeitpunkt nicht mehr verhindert werden braucht.[634]

Der 9. Zivilsenat[635] unterstellt zudem der mithaftenden Ehefrau eines Gewerbetreibenden generell ein wirtschaftliches Interesse an der Kreditvergabe, unabhängig davon, ob und wer von ihnen als Unternehmensinhaber fungiert oder im Betrieb beschäftigt ist, es sei denn, es liegt ein besonders riskantes oder lediglich eigennütziges Geschäft des Hauptschuldners vor.[636]

---

632 Vgl. BGH WM 1995, 900 (Bürgschaft für Ansprüche aus einem gewerblichen Leasingvertrag) sowie BGH ZIP 1995, 203 (Bürgschaft für einen Gewerbekredit).

633 BGH ZIP 1995, 203, 204 ff. Übersteigt die Bürgschaft der Höhe nach übliche Konsumentenkredite wird regelmäßig die volle Weiterhaftung ausscheiden und eine den tatsächlichen Umständen des Einzelfalls entsprechende Anpassung stattzufinden haben. Vgl. hierzu BGH, ebd., S. 206. Im dortigen Fall durfte die Bank über den titulierten Betrag i. H. v. 50.000 DM hinaus keinerlei Ansprüche aus der 280.000 DM-Bürgschaft geltend machen.

634 Ebd. S. 205. Während also der 9. BGH-Senat die Gefahr von Vermögensverschiebungen durch die Berufung auf § 242 BGB verhindern will, hält der 11. BGH-Senat hierfür entsprechende vertragliche Regelungen für erforderlich (vgl. BGH NJW 1997, 257, 259; siehe auch bereits oben, S. 135). Für die Frage der Nichtigkeit von Kreditgeschäften dürfte diese unterschiedliche Auffassung jedoch wohl nicht von Bedeutung sein. Ein näheres Eingehen erübrigt sich daher.

635 Vgl. BGH ZIP 1995, 203, 204.

636 Ebd. unter Bezugnahme auf BGH ZIP 1994, 773 ff. Vgl. dort insbesondere S. 775.

cc) BGH ZIP 1996, 65 und ZIP 1996, 495

Zwei Urteile des 9. Zivilsenats in den Jahren 1995/96 befaßten sich ebenfalls mit der Sittenwidrigkeit von Ehegattenbürgschaften. Der BGH verwarf in seiner Entscheidung vom 02.11.1995[637] die Bürgschaft einer vermögenslosen Ehefrau i. H. v. 100.000 DM als sittenwidrig. Die Bürgschaft überschritt ihre Zahlungsfähigkeit in erheblichem Umfang. So vermochte die halbtags beschäftigte Mutter eines Kleinkindes mit ihrem monatlichen Bruttoeinkommen i. H. v. 2.287 DM auch im Hinblick auf die Pfändungsgrenze des § 850 c ZPO keinen Beitrag zur Schuldtilgung leisten. Daran hätte auch eine zukünftige Vollzeittätigkeit kaum etwas geändert. Unter der Voraussetzung, daß die Bürgin die Unterzeichnung der Urkunde in der von ihr behaupteten seelischen Zwangslage vollzog, ging sie ein nicht zu billigendes Risiko ein. Eine solche Situation konnte vorliegend in Frage kommen, weil die Bank nach dem Vortrag der Bürgin die Haftung mit dem Hinweis verlangte, anderenfalls die Zusage für den Unternehmenskredit ihres Mannes i. H. v. 665.000 DM - der bereits i. H. v. 400.000 DM ausgezahlt und verbraucht war - zu widerrufen, was unweigerlich dessen Konkurs bedeutet hätte. Dies, obwohl das Geldhaus von Beginn der Geschäftsbeziehung an Kenntnis davon besaß, daß die Ehefrau keine Verpflichtungen einzugehen gedachte und wußte, daß die Ausfallbürgin eine Mithaftung der Frau begehrte, worüber sie (das Kreditinstitut) letztere und ihren Ehemann nicht unterrichtete.[638]

Für den Fall, daß die beweispflichtige Ehefrau in dieser Hinsicht unterlegen bleiben sollte, blieb nach Ansicht des Gerichts noch eine mögliche Haftungsfreistellung nach § 242 BGB zu klären, zumal eventuell Vermögensverlagerungen bei den in Gütertrennung lebenden Eheleuten wegen dem Zugriff der Bank auf das vollständige Vermögen des Mannes und der Insolvenz seines Unternehmens ausschieden.[639] Damit bestätigte der BGH noch einmal den Rechtsprechungsgrundsatz aus dem Urteil vom 05.01.1995[640], wonach die Haftungsregelung auf einem stillschweigenden Treueabkommen basiert, welches bei Einhaltung der Treuepflicht eine Haftungsfreistellung, bei seiner Verletzung aber auch eine unbegrenzte Haftung herbeiführen kann.[641]

In seiner Entscheidung vom 18.01.1996[642] vertrat er ebenfalls die in dem Urteil vom 05.01.1995[643] geäußerte Auffassung, wonach die Kreditvergabe an ein

637 BGH ZIP 1996, 65 ff.

638 Ebd., S. 66.

639 Ebd., S. 67.

640 Vgl. BGH ZIP 1995, 203, 204 ff.; siehe auch BGH ZIP 1996, 65, 67 und oben, S. 137/138.

641 BGH, ebd.

642 BGH ZIP 1996, 495.

Familienunternehmen bereits aus ehe- und unterhaltsrechtlichen Gründen im Interesse des Ehepaares liegt. Dennoch rechtfertigte auch hier die finanzielle Überforderung der Ehefrau die Sittenwidrigkeit eines Bürgschaftsversprechens, sofern sie sich bei deren Abgabe in einer Situation des Zwanges oder der Aussichtslosigkeit befand und jeweils weitere bedeutsame Umstände existierten. In einer Zwangslage könnte das bei fehlender Aufklärung einer aufklärungsbedürftigen Frau anzunehmen sein. Was eine aussichtslose Lage anbetrifft, so muß diese vom Gläubiger verursacht, ihm bekannt oder zumindest grob fahrlässig unbekannt sein. Letzteres wäre etwa bei einem groben Leistungsmißverhältnis zu bejahen, so daß die Realisierung des Haftungsrisikos schon bei Abschluß des Vertrages naheliegt. Hinzu kommen muß aber auch hier eine nicht hinnehmbare Beeinflussung der Entscheidungsfreiheit einer geschäftsunerfahrenen Frau.

Im Urteil zugrunde liegenden Fall lehnte der BGH bereits die finanzielle Überforderung der (kinderlosen) Ehefrau ab, weil sie mit ihrem monatlichen Nettoeinkommen i.H.v. 2.515,50 DM und ihr Mann mit seinem monatlichen Nettoeinkommen i.H.v. 2.200 DM bei Einsatz der beiderseitigen pfändbaren Verdienste erhebliche Beträge zur Tilgung der Bürgschaftsschuld i.H.v. ursprünglich 200.000 DM leisten konnten. Die familienrechtliche Wirtschaftsgemeinschaft von Eheleuten war im Rahmen der vorzunehmenden Gesamtwürdigung somit der ausschlaggebende Punkt, der ggf. wegen der Anrechnung der Einkünfte des Ehemannes die finanzielle Überforderung der Ehefrau als Sittenwidrigkeitsmerkmal ausschloß. Verneint wurde ebenso das Vorliegen einer Zwangslage, da sich die Ehefrau nach entsprechender Aufklärung über die Bedeutung ihrer Unterschrift und nach sechswöchiger Überlegungsfrist dennoch verbürgen wollte, um ihrem Mann eine Hilfe zu geben. Eine geschäftliche Unerfahrenheit konnte zudem bei einer 45jährigen, nebenberuflich im Betrieb ihres Mannes als Lohnbuchhalterin tätigen Frau nicht angenommen werden, zumal ihr unterstellt werden mußte, daß sie ein Jahr nach der Währungsunion und zehn Monate nach der Existenzgründung ihres Mannes auch wegen ihrer dauerhaften Berufserfahrung in der ehemaligen DDR das bundesdeutsche Bürgschaftsrecht ausreichend kannte. Darüber hinaus lagen keine Anhaltspunkte für die Schaffung einer aussichtslosen Lage vor, insbesondere war das Scheitern des Kreditgeschäfts nicht schon bei Vertragsschluß für den Gläubiger vorhersehbar.[644]

643 BGH ZIP 1995, 203.
644 BGH ZIP 1996, 495, 496 ff.

dd) BGH ZIP 1996, 1126

Das Urteil vom 25.04.1996[645] listet zunächst verschiedene Umstände auf, die zusammen mit einer finanziellen Überforderung zur Nichtigkeit des Kreditgeschäfts führen können. Dazu zählt die Verharmlosung von Umfang und Tragweite der Haftung, das Verschweigen außergewöhnlicher und schwerer, dem Bürgen unbekannter Haftungsrisiken, die Begründung einer Zwangslage in rechtlich verwerflicher Weise oder das Ausnutzen der Geschäftsunerfahrenheit.[646]

Bisherige Rechtsprechungsgrundsätze werden in der Entscheidung zudem weiter konkretisiert. So wird etwa die Geschäftserfahrenheit einer Bürgin bei einer 35-jährigen Frau bejaht, die neben einer abgeschlossenen kaufmännischen Berufsausbildung über Berufserfahrungen durch Mitarbeit im Unternehmen des Mannes verfügte sowie darüber hinaus bereits früher eine Bürgschaft übernahm und auch schon einmal erfolgreich eine Haftungsausdehnung verhinderte.[647]

Näher definiert wird zudem der Begriff der finanziellen Überförderung. Ein Bürge gilt danach als leistungsunfähig, sofern er aller Voraussicht nach außerstande ist innerhalb von fünf Jahren ab Fälligkeit der Bürgschaftsforderung ein Viertel der Hauptschuld aufzubringen.[648]

Eine Klarstellung erfährt auch der Punkt, wonach sich die Gefahr einer Vermögensverschiebung regelmäßig - aber nicht notwendig - mit einer Ehescheidung bannen läßt. Ebenso können auch andere ähnliche Geschehnisse zu einer Beendigung der ehelichen Wirtschaftsgemeinschaft führen.[649]

Schließlich wird auch deutlich, daß in den Fällen, in denen der Bürge durch die Kreditgewährung an den Hauptschuldner - wenn auch lediglich mittelbar - zu Vermögen gelangt, anstelle einer gänzlichen Haftungsfreistellung nur eine Vertragsanpassung nach § 242 BGB erfolgen kann. In diesem Zusammenhang sind auch nicht erwartete Erbschaften oder ähnliche Vermögensvermehrungen zu beachten[650]

ee) BGH NJW 1997, 52 und 940

Zu einer inhaltlichen Ausdehnung bisheriger Rechtsprechungsansätze trugen auch die Kinderbürgschaftsfälle vom 10.10.1996[651] und vom 05.12.1996[652] bei.

---

645 BGH ZIP 1996, 1126 ff.
646 Ebd., S. 1127.
647 Ebd.
648 Ebd., S. 1130.
649 Ebd., S. 1128/1129.
650 Ebd., S. 1128; vgl. auch Bydlinski EWiR 1996, 833, 834.
651 BGH NJW 1997, 52.

Das gilt insbesondere im Hinblick auf den Begriff der Geschäftserfahrung. Eine solche ist bei einem 24-jährigen Jura-Studenten im 6. Semester, der hin und wieder für einen Anwalt arbeitete, zu unterstellen, sofern er nach dreijähriger Tätigkeit als GmbH-Geschäftsführer im Rahmen von Vertragsverhandlungen die Unterzeichnung einer selbstschuldnerischen Bürgschaft ablehnte und statt dessen eine Ausfallbürgschaft einging.[653]

Anders dagegen bei einem 25-jährigen Bauingenieurstudenten, der nicht in kaufmännisch-unternehmerischer Weise in die Gewerbekreditgeschäfte des Vaters involviert war.[654]

Da zwischen Kindern und Eltern keine auf Dauer angelegte Wirtschaftsgemeinschaft existiert, darf zur Ermittlung der finanziellen Leistungsfähigkeit auch nur ihr (zu erwartendes) Einkommen allein herangezogen werden.[655]

Im Fall des unternehmerisch tätigen Jura-Studenten ging der BGH dabei davon aus, daß ein Jurist nach Beendigung seiner Ausbildung über ein gutes Einkommen verfügen und somit in der Lage sein wird, eine Bürgschaft i. H. v. 187.951,75 DM in übersehbarer Zeit größtenteils zurückzuführen.[656] Im Fall des geschäftsunerfahrenen Bauingenieurstudenten sprach er sich dafür aus, die Bürgschaft i. H. v. 1,4 Mio. DM auf einen Betrag zu begrenzen, der dem zu erwartenden Einkommen entsprechen würde, ohne jedoch eine konkrete Zahl zu nennen.[657]

Anders als bei Ehegatten läßt sich bei Kindern nicht unterstellen, daß sie sich frei und selbstbestimmt für einen dem elterlichen Familienbetrieb dienenden Kredit verbürgen.[658]

ff) BGH NJW 1997, 1980; ZIP 1997, 406 und 409

Eine erneute Ausweitung der Rechtsprechung nahm der BGH mit seinen Urteilen vom 16.01.1997[659] und vom 23.01.1997[660] vor. So wurden die Grundsätze zur Ehegattenmithaftung analog auf eheähnliche Lebensgemeinschaften[661] und die im Rahmen von § 242 BGB entwickelten Grundsätze zum Gläubigerschutz vor

---

652 BGH NJW 1997, 940.
653 Ebd.
654 BGH NJW 1997, 52, 54.
655 Ebd.
656 BGH NJW 1997, 940.
657 BGH NJW 1997, 52, 54.
658 Ebd.
659 BGH NJW 1997, 1980.
660 BGH ZIP 1997, 406 und 409.
661 BGH ZIP 1997, 409, 410.

Vermögensverlagerungen analog auf den Erwerb von Vermögen durch eine Erbschaft[662] ausgedehnt. Wird nämlich die Bürgschaft wegen der zu erwartenden Erbschaft gegeben, so darf die Bank den Bürgen erst bei Eintritt des Erbfalls in die Haftung nehmen, andernfalls wäre ihr Verhalten rechtsmißbräuchlich.[663]

Interessant ist auch noch, wann der Senat die Begründung bzw. Ausnutzung einer Zwangslage i. S. v. § 138 BGB annimmt. So bejaht er eine derartige Situation, wenn sich ein GmbH-Gesellschafter weigert, eine Bürgschaftserklärung zu unterzeichnen, die Bank - im konkreten Fall eine Sparkasse - dennoch Kredite an den Hauptschuldner auszahlt, den Gesellschafter bei einem anschließenden Besuch in ihren Geschäftsräumen gänzlich unvorbereitet mit einem neuerlichen Bürgschaftsbegehren konfrontiert und ihm zu verstehen gibt, daß im Weigerungsfalle die Kündigung der Kredite droht.[664] Etwas anderes gilt, wenn die Bank gleich zu Beginn der Geschäftsbeziehung mit dem Darlehensnehmer die Übernahme einer Bürgschaft verlangt.[665]

gg) BGH NJW-RR 1997, 1199; ZIP 1997, 1957; NJW 1998, 597 und 894

Von Interesse sind hier schließlich auch noch vier in den Jahren 1997/98 veröffentlichte Entscheidungen.[666] Danach kommen die Rechtsprechungsgrundsätze des 9. BGH-Senats zur Ehegattenmithaftung auch bei Verlobten[667] und Geschwistern[668] zum Tragen. Voraussetzung bei letzteren ist jedoch eine ähnlich nahe persönliche Bindung wie gegenüber Lebenspartnern und Kindern.[669] Eine nähere Umschreibung erfuhr der Begriff der Geschäftserfahrung. Ob jemand geschäftserfahren ist, ermittelt sich nach den persönlichen Kenntnissen und Erfahrungen, die jemand erworben hat und diese müssen in Verbindung gebracht werden zu dem mit den übernommenen Pflichten und Aufgaben verbundenen Risiko.[670]

So gilt danach eine 26-jährige Bürogehilfin, die über den Geschäftsbereich einer GmbH weder theoretische Kenntnisse noch praktische Erfahrungen besitzt und sich i. H. v. 1,2 Mio. DM für die GmbH verbürgt als geschäftsunerfahren.[671] Etwas anderes dürfte hingegen auf einen bürgenden Maschinenbau-Studenten

662 BGH ZIP 1997, 406, 409. Vgl. auch Medicus EWiR 1997, 289, 290.
663 BGH, ebd. Vgl. auch Medicus, ebd.
664 BGH NJW 1997, 1980, 1982.
665 BGH ZIP 1997, 409, 411.
666 BGH NJW-RR 1997, 1199; ZIP 1997, 1957; NJW 1998, 597 und 894.
667 BGH ZIP 1997, 1957, 1958.
668 BGH NJW 1998, 597, 598.
669 Ebd.
670 Ebd., S. 600.
671 Ebd.

zutreffen, der über eine Kontovollmacht für das väterliche Familienunternehmen verfügte, an Sanierungsgesprächen sowie bei Investitionsabsichten entscheidend mitwirkte und sich darüber hinaus die Option offenhielt, nach Abschluß seines Studiums eine leitende Tätigkeit im Betrieb zu übernehmen. Die Bürgschaft hatte eine Größenordnung von 100.000 DM.[672]

Deutlich wurde ferner, daß eine Gesellschafterbürgschaft lediglich in Ausnahmesituationen und bei Vorliegen ganz besonderer Umstände gegen § 138 BGB verstößt. Eine krasse finanzielle Überforderung und fehlendes Gläubigerinteresse jedenfalls indiziert nicht die Annahme, daß ein maßgeblich an einer GmbH beteiligter Gesellschafter gegen seine Interessen handelt und nur infolge seiner Unterlegenheit das Bürgschaftsgeschäft abschließt. Gerade das wirtschaftliche Eigeninteresse an „seiner" GmbH steht für ihn an erster Stelle.[673] Etwas anderes gilt hingegen für einen Strohmann-Gesellschafter, der für die Bank erkennbar ohne eigenes wirtschaftliches Interesse und nur aus Gründen bürgt, die den typischen Motivationen bei Ehegatten- und Verwandtenbürgschaften entsprechen[674], also insbesondere aufgrund der engen persönlichen Verbindung zum Hauptschuldner.[675] Offenkundig geworden ist nunmehr ebenso, wann ein grobes bzw. krasses Mißverhältnis vorliegt. Der BGH nimmt in seinem Urteil vom 18.09.1997[676] insoweit Bezug auf seine Entscheidung vom 25.04.1996[677]. Danach besteht ein derartiges Mißverhältnis, sofern mit dem pfändbaren Einkommen des Bürgen voraussichtlich in einem Zeitraum von fünf Jahren nicht ein Viertel der Hauptschuld aufgebracht werden kann.[678]

3. Rechtsprechung der Instanzengerichte

a) Die bisher entschiedenen Fälle

Auch die Instanzengerichte haben sich bereits in zahlreichen Entscheidungen mit der sittenwidrigen Mitverpflichtung naher Angehöriger auseinandergesetzt. Die

---

672 Vgl. BGH NJW-RR 1997, 1199. Im zugrundeliegenden Fall ergab sich aus diesen und weiteren Umständen, daß hier keine Zwangslage bestand. Die Sittenwidrigkeit wurde darüber hinaus bereits wegen fehlender finanzieller Überforderung verneint. Neben seinem Studium verdiente der Bürge 5.000 DM brutto und knapp 3.000 DM netto im Unternehmen seines Vaters. Zudem bot allein schon seine Ausbildung Gewähr dafür, in einigen Jahren eine Stellung zu erlangen, die es ihm ermöglichen würde, die Schulden in absehbarer Zeit zurückzuführen.

673 BGH NJW 1998, 894.

674 BGH NJW 1998, 597, 599.

675 Ebd., S. 598.

676 BGH ZIP 1997, 1957, 1959.

677 BGH ZIP 1996, 1126, 1130. Siehe auch bereits oben, S. 140.

678 BGH ZIP 1997, 1957, 1959.

Urteile betrafen in erster Linie die Mithaftung von Ehegatten[679], aber auch von Lebensgefährten[680] und Kindern.[681] Zum Teil wurden die dort entwickelten Rechtsgrundsätze analog angewandt. So etwa in dem Fall, in welchem eine finanziell überforderte Mutter einen Kredit aufnahm, um ihrer Tochter und ihrem Schwiegersohn den Bau eines Eigenheimes zu ermöglichen[682] oder ein Mehrheitsgesellschafter einer GmbH das Risiko eigenkapitalersetzender Gesellschafterdarlehen dem geschäftsführenden Minderheitsgesellschafter aufbürdete.[683] Ob die Rechtsprechung auch entsprechend für einen Schuldner gilt, der sich Geld unter dem Druck besonderer Umstände anlieh und lebenslänglich in Überschuldung verharren muß, blieb offen.[684]

b) Die Rechtsprechungsaussagen im einzelnen

Sittenwidrigkeit verneinten die Gerichte bei Konsumentenkrediten[685] und Existenzgründungsdarlehen[686] in der Größenordnung von bis zu 30.000 DM. Daher dürften diese Entscheidungen insoweit konform gehen mit dem Beschluß des

679 OLG Nürnberg ZIP 1998, 989; OLG Düsseldorf EWiR 1998, 23; OLG Karlsruhe ZIP 1997, 587; OLG München VuR 1997, 134; OLG Hamburg VuR 1996, 317; OLG Düsseldorf EWiR 1996, 207; OLG Köln BB 1995, 2081; LG Darmstadt WM 1995, 2029; LG Lüneburg BB 1995, 1820;OLG Koblenz NJW-RR 1995, 1260; OLG Köln EWiR 1995, 441; OLG Karlsruhe NJW-RR 1995, 434; LG Zweibrücken NJW-RR 1995, 311; LG Lüneburg DB 1995, 264; OLG Düsseldorf WM 1995, 1530; OLG Koblenz WM 1995, 1186; WM 1994, 839; OLG Hamm WM 1995, 332; OLG Celle BB 1995, 219; LG Mannheim WM 1994, 894; OLG Köln NJW-RR 1994, 52; OLG Bremen WM 1993, 1709; OLG Stuttgart NJW-RR 1993, 1394; OLG Hamm NJW 1993, 72; OLG Frankfurt/Main NJW-RR 1992, 1008; OLG Hamm NJW-RR 1992, 1007; NJW 1991, 2647; siehe auch die unveröffentlichte Entscheidung des OLG Frankfurt/Main, Az. 3 U 4/94.

680 OLG Köln BB 1995, 1608; OLG Zweibrücken NJW-RR 1995, 433; LG Frankenthal VuR 1996, 51.

681 OLG Hamm NJW-RR 1993, 113; LG Bremen ZIP 1996, 634.

682 OLG Hamm NJW-RR 1994, 1468.

683 OLG Köln NJW 1994, 2553.

684 Vgl. OLG Frankfurt/Main NJW-RR 1996, 110.

685 OLG Koblenz WM 1995, 1186 und LG Mannheim WM 1994, 894, 895; vgl. allerdings auch LG Frankenthal VuR 1996, 51, wo bereits eine Bürgschaftssumme i.H.v. 20.000 DM für die Annahme einer Sittenwidrigkeit bei der Lebensgefährtin eines Kreditnehmers ausreichte. Die Bürgin verfügte im zugrunde liegenden Fall über keine Ausbildung, besaß kein Vermögen, war bei der Bürgschaftsübernahme bereits mehrere Jahre arbeitslos, lebte von Sozialhilfe und betreute zwei Kinder im Alter von drei und fünf Jahren (LG Frankenthal, ebd., S. 51/52).

686 Vgl. OLG Hamm WM 1995, 332, 333. Besagter Kredit lag dort betragsmäßig noch erheblich unter 30.000 DM.

BVerfG zum Az. 1 BvR 1044/89 vom 19.10.1993.[687] Bedenklich dagegen ein Urteil des OLG Koblenz[688], daß in einer gesamtschuldnerischen Mitverpflichtung der Ehefrau an einem Darlehen von über 40.000 DM trotz fehlenden Einkommens sowie Vermögens und einer monatlichen Rückzahlungsrate von 600 DM kein außergewöhnliches Risiko erblickte. Die Nichtigkeit von Geschäften lehnte die Instanzenrechtsprechung zudem ab, wenn die mithaftende Ehefrau über Geschäftserfahrungen verfügte, sei es, daß sie als Sekretärin, Geschäftsführerin oder Mitinhaberin im Betrieb ihres Mannes arbeitete, daß sie eine Ausbildung als Steuerfachgehilfin hatte und ihrem Beruf zeitweilig nachging, oder sei es, daß sie nach jahrelanger Tätigkeit als Sekretärin in der Wirtschaft anschließend Betriebswirtschaft studierte.[689]

Die Mitverpflichtung nahezu mittelloser Ehegatten, die an den unternehmerischen Aktivitäten ihres Mannes keinen Anteil nahmen, wurde indes vom LG Lüneburg[690] und vom OLG Koblenz[691] als sittenwidrig eingestuft. In dieser Hinsicht orientieren sich die Instanzengerichte an der Rechtsprechung des 11. BGH-Senats.[692] Wie bereits oben[693] dargelegt, erwirbt nämlich nach seiner Auffassung die Mithaftende keinen unmittelbaren Vorteil, sofern sie keinen Einfluß auf die Betriebsabläufe des Betriebes ihres Partners ausübt.

Demgegenüber sieht der 9. BGH-Senat[694] - wie ebenfalls schon ausgeführt[695] - bei der Vergabe von Krediten an ein Familienunternehmen zumindest ein gemeinsames Interesse beider Eheleute und zwar unabhängig davon, wer von ihnen der Betriebsinhaber ist oder dort arbeitet.[696]

Unterschiedliche Meinungen bestehen in der instanzgerichtlichen Rechtsprechung zu der Frage, ob ein unmittelbarer Vorteil einer Ehefrau bzw. Lebensge-

---

687 Vgl. BVerfG NJW 1994, 36, 37 ff.; siehe auch bereits oben, S. 131/132.

688 Vgl. OLG Koblenz NJW-RR 1995, 1260.

689 OLG Köln BB 1995, 2081; LG Darmstadt WM 1995, 2029, 2030; OLG Karlsruhe NJW-RR 1995, 434; LG Zweibrücken NJW-RR 1995, 311; OLG Hamm NJW 1993, 72; NJW-RR 1992, 1007; NJW 1991 2647; vgl. auch OLG Frankfurt/Main, Az. 3 U 4/94, S. 8, wonach bereits eine kaufmännische Ausbildung gegen Geschäftsunerfahrenheit spricht.

690 LG Lüneburg BB 1995, 1820.

691 OLG Koblenz WM 1994, 839, 841.

692 Vgl. BGH NJW 1991, 923 ff., insbesondere S. 925.

693 Siehe oben, S. 133/134.

694 Vgl. BGH ZIP 1995, 203 ff., insbesondere S. 204; siehe auch BVerfG ZIP 1996, 956, 957, das ebenfalls ein unmittelbares Interesse der Ehefrau an der Kreditgewährung für den Handwerksbetrieb des Mannes bejaht.

695 Siehe oben, S. 137. Vgl. auch die Ausführungen zur Rechtsprechung des BVerfG in der vorhergehenden Fußnote.

696 BGH ZIP 1995, 203, 204.

fährtin bei einer Baufinanzierung schon darin besteht, daß sie das Haus mitbewohnt[697] oder erst darin, daß sie Miteigentümerin des Hauses wird.[698]

Mit dem 11. BGH-Senat[699] darf man lediglich in der Miteigentümerschaft einen unmittelbaren Vorteil erblicken. Ohne ein derartiges Miteigentum stünden der Mitverpflichteten auch keine eigenen Rechte und Ansprüche zu, weder gegenüber dem Grundstückseigentümer noch gegenüber dem Kreditgeber.[700]

Geteilter Ansicht ist die instanzengerichtliche Rechtsprechung darüber hinaus in der Frage, ob mit einer Ehescheidung die Geschäftsgrundlage der eingegangenen Verpflichtung entfällt. Während die eine Meinung dieses bejaht[701], sieht die Gegenauffassung[702] den Fortbestand einer Ehe nur als einen rechtlich unbeachtlichen Motivirrtum an.[703] Für die hier relevante Prozeßpraxis wird man sich mit dem BGH[704] für die erste Ansicht entscheiden.

Streitig ist in der instanzengerichtlichen Rechtsprechung ferner, ob formalisiert vorgenommene Mitverpflichtungen des Ehegatten von seiten der Bank ebenso Anzeichen eines „ausgeprägten strukturellen Ungleichgewichts" sind, wie die geschäftliche Unerfahrenheit und die seelische Zwangssituation des der Mithaft Unterworfenen bzw. wie die Beschönigung der Vereinbarung durch die Bank oder des Hauptschuldners.

Während das OLG Düsseldorf[705] eine derart weite Ausdehnung des „ausgeprägten strukturellen Ungleichgewichts" ablehnt, befürwortet sie das OLG Celle[706] unter Bezugnahme auf den Beschluß des BVerfG vom 19.10.1993 in dem Verfahren zum Az. 1 BvR 567/89. In dem besagten Beschluß wird im Rahmen der Stellungnahme des Bundesverbandes Deutscher Banken zur angegriffenen Rechtsprechung des 9. BGH-Senats die Mitteilung einer Bank erwähnt, nach deren Erfahrung bei der Existenzgründung von Kleingewerbetreibenden, vor al-

---

697 So OLG Bremen WM 1993, 1709, 1710; vgl. auch OLG Hamburg VuR 1996, 317 mit Anmerkung Veit, ebd.

698 So OLG Köln BB 1995, 1608.

699 Vgl. BGH NJW 1993, 322, 323/324.

700 OLG Köln BB 1995, 1608.

701 OLG Frankfurt/Main, Az. 3 U 4/94, S. 10 ff. Vgl. auch OLG Karlsruhe ZIP 1997, 587, 589 und OLG München VuR 1997, 134, die den Wegfall der Geschäftsgrundlage annehmen, sofern die Vermögensverlagerungsgefahr den alleinigen Grund des Bürgschaftsbegehrens bildet.

702 OLG Köln NJW-RR 1994, 52; LG Mannheim WM 1994, 894, 895.

703 LG Mannheim, ebd.

704 Vgl. BGH ZIP 1996, 1126, 1128/1129; ZIP 1995, 203, 205; siehe auch oben, S. 137 und S. 140.

705 Vgl. OLG Düsseldorf WM 1995, 1530, 1531.

706 OLG Celle BB 1995, 219.

lem auch mit der gleichzeitigen Vergabe öffentlicher Fördermittel, nahezu allgemein die Mithaft des Ehegatten dazugehört.[707]

Der Fall eines solchen Existenzgründungsdarlehens lag auch der Entscheidung des OLG Celle zugrunde, mit der Besonderheit, daß die vermögenslose Ehefrau nicht der deutschen Sprache mächtig war und die Bank ihr gegenüber wie eine öffentliche Einrichtung erschien sowie den Eindruck erweckte, ihre Unterschriftsleistung sei eine öffentliche Pflicht.[708] Bei dieser Konstellation erscheint es in der Tat geboten, eine Aufklärungspflichtverletzung der Bank anzunehmen, zumal das Auftreten als öffentlich-rechtliche Institution, die (scheinbar) öffentliche Aufgaben gegenüber einer ausländischen Mitbürgerin wahrnimmt, nicht nur einer Bagatellisierung des Haftungsrisikos, sondern sogar einer völligen Verkennung desselbigen gleichkommt. Generell wird man jedoch in der formalisierten Bankpraxis allein noch kein „ausgeprägtes strukturelles Ungleichgewicht" sehen können, angesichts der Tatsache, daß die hier in Rede stehenden Kreditgeschäfte wohl ausnahmslos über vorformulierte Kreditverträge von Banken und Sparkassen Abwicklung finden. Voraussetzung hierfür wären vielmehr den Kunden belastende und nach dem AGB-Gesetz unwirksame Bürgschaftsvereinbarungen.[709]

Uneinigkeit besteht schließlich noch in der instanzengerichtlichen Rechtsprechung darin, ob bereits ein besonders grobes Mißverhältnis zwischen der Leistungsfähigkeit des Bürgen bzw. des der Schuld Beitretenden und dem Umfang seiner Verpflichtung für die Begründung einer sittenwidrigen Abrede ausreicht[710] oder ob noch weitere Umstände hinzutreten müssen.[711]

Nach der Rechtsprechung des BGH[712] führt ein besonders grobes Leistungsmißverhältnis nur zusammen mit weiteren Umständen zur Sittenwidrigkeit des Vertrages.[713] In entsprechender Anwendung dieses höchstrichterlichen Rechtsprechungs-Grundsatzes ist deshalb für die Prozeßpraxis hier der zuletzt genannten Ansicht der Vorzug zu geben.

---

707 Vgl. BVerfG, Az. I BvR 567/89, S. 17/18, insoweit nicht abgedruckt in NJW 1994, 36.
708 OLG Celle BB 1995, 219, 220.
709 Vgl. OLG Düsseldorf EWiR 1996, 207.
710 So OLG Stuttgart NJW-RR 1993, 1394.
711 So OLG Köln EWiR 1995, 441 und OLG Frankfurt/Main, Az. 3 U 4/94.
712 Vgl. BGH NJW 1997, 1773, 1774 und ZIP 1996, 495, 498/499.
713 Siehe auch bereits oben, S. 135/136 und S. 138/139.

III. Die mögliche Bedeutung der Rechtsprechung für ritterschaftliche Hypothekendarlehensverträge

Der Rechtsprechung zur sittenwidrigen Mitverpflichtung naher Angehöriger wird bei den hier untersuchten ritterschaftlichen Hypothekendarlehensgeschäften vor allem dann Relevanz zukommen, sofern die Ehefrau eines Landwirts gemeinsam mit selbigem einen Darlehensvertrag des Braunschweigischen ritterschaftlichen Kreditinstituts/-vereins unterzeichnete. Dabei können die Voraussetzungen der sittenwidrigen Ehegattenmithaftung verwirklicht sein.

Es müssen daher die jeweiligen Gegebenheiten der ritterschaftlichen Kreditpraxis geprüft werden. Folgende Punkte dürften dort insbesondere in Betracht kommen: Der Ehemann ist angesichts erbrechtlicher Bestimmungen regelmäßig Alleineigentümer des beliehenen Hofes. Für die Kreditgeschäfte existiert deshalb zwar ein gemeinsames Interesse, jedoch kein unmittelbarer Vorteil bei der Ehefrau. Sie verfügt zudem über keinerlei eigenes Einkommen und Vermögen. Ihre Schul- und Berufsausbildung sowie die auf eine Tätigkeit als Hausfrau, Mutter und mithelfende Familienangehörige angelegte Zukunftsplanung vermag ihr auch nicht die Möglichkeit zu verschaffen, einen nennenswerten Beitrag zur Rückführung eines Hypothekendarlehens in Höhe von mehreren hunderttausend DM oder gar in Millionenhöhe[714] zu leisten. Für ein die Sittenwidrigkeit begründendes Ungleichgewicht dürften eventuell weitere Umstände in Betracht kommen. Zu denken wäre etwa an die Verharmlosung der von der Ehefrau zu leistenden Unterschrift unter den Darlehensvertrag, der drängende Appell des Ehemannes an seine Frau eine Kreditgewährung durch eine Unterzeichnung der Schuldurkunde zu erreichen. Lediglich vorhandene hauswirtschaftliche sowie fehlende landwirtschaftliche, kaufmännische oder betriebswirtschaftliche Berufsausbildungen und -erfahrungen bei der Ehefrau lassen zudem unter Umständen auf eine Ausnutzung der geschäftlichen Unerfahrenheit schließen. Belastend ist auch die Tatsache, daß sich das ritterschaftliche Kreditinstitut u. U. nicht für die Einkommens- und Vermögensverhältnisse der mitverpflichteten Ehegatten interessierte.[715]

---

714 Vgl. insoweit auch die BGH-Entscheidung vom 26.11.1991 (BGH WM 1992, 8), die in einem Rechtsstreit gegen die BRH erging und die Vermittlung eines Ritterschaftskredits i.H.v. 650.000 DM und eines BfG-Kredits i.H.v. 750.000 DM betraf. Siehe ferner die BGH-Entscheidung vom 19.02.1991 (BGH ZIP 1991, 359), die in einem Rechtsstreit gegen die BfG erging. Dem dortigen Kreditnehmer war vor der BfG-Kreditgewährung ein Ritterschaftsdarlehen in Millionenhöhe gegeben worden. Verwiesen sei im übrigen auf die Ausführungen oben S. 27 ff.

715 Siehe oben, S. 27 ff., insbesondere S. 34.

F. Die Nichtigkeit der Kreditverträge gem. §§ 139, 138 BGB wegen sittenwidriger Kreditvermittlung

I. Die rechtliche Einheit zwischen Kredit- und Kreditvermittlungsvertrag

1. Rechtliche Einheit bei Verstoß des Kreditgeschäfts gegen § 56 Abs. 1, Nr. 6 GewO

Nachfolgend wird die Nichtigkeit von Kreditverträgen wegen sittenwidriger Kreditvermittlungen zu klären sein. Von entscheidender Bedeutung ist deshalb auch hier zuerst das Bestehen einer rechtlichen Einheit zwischen dem Kredit- und dem Kreditvermittlungsvertrag. Wie bereits oben[716] dargelegt, nimmt die höchtrichterliche Rechtsprechung eine Einheit nach § 139 BGB an, sofern das Kreditgeschäft gegen § 56 Abs. 1 Nr. 6 GewO verstößt.

2. Rechtliche Einheit bei Verwendung erfolgsunabhängiger Provisionsklauseln in Kreditvermittlungsverträgen

a) Rechtliche Einheit zwischen Immobilienmakler- und Grundstückskaufvertrag

Zu überlegen wäre des weiteren, ob nicht unabhängig von den vorerwähnten Verstößen eine rechtliche Einheit zwischen Kredit- und Kreditvermittlungsvertrag existiert, wenn letzterer erfolgsunabhängige Provisionsklauseln enthält.

Derartige Vergütungsregelungen sind in vorformulierten Immobilienmakleralleinaufträgen unwirksam. Darüber hinaus übt diese Form der Entlohnung einen unzulässigen Zwang zum Abschluß des zu vermittelnden Kaufvertrages aus, weshalb Makler- und Kaufvertrag als Teile eines rechtlich einheitlichen Geschäftes gleichermaßen notariell zu beurkunden sind, vorausgesetzt der Maklervertrag sieht für den Fall der Erfolglosigkeit mehr als 10-15% der vereinbarten Provision vor.[717]

---

716 Siehe oben, S. 76 ff. Zur noch weiter (höchstrichterlich) klärungsbedürftigen Frage, ob auch bei einem Verstoß gegen Art. 1, § 1 RBerG eine rechtliche Einheit i. S. v. § 139 BGB existiert, siehe oben S. 100 ff.

717 BGH R BGB § 652 I Formzwang 5; BGH WM 1989, 918, 919; WM 1987, 471, 473; WM 1986, 1438; WM 1981, 561, 562; WM 1980, 742, 743; WM 1980, 405, 406; WM 1973, 816/817; WM 1971, 190/191; NJW 1971, 93, 94; WM 1970, 1224, 1225; NJW 1967, 1225, 1226; vgl. auch BGH WM 1988, 830, 831 im Fall einer Reservierungsvereinbarung für eine Eigentumswohnung.

b) Rechtliche Einheit zwischen Finanzmakler- und Kreditvertrag

Das Verbot erfolgsunabhängiger Provisionsklauseln in vorformulierten Makleralleinaufträgen gilt nicht minder für Finanzierungs- bzw. Kreditvermittlungsverträge.[718] Diese Bestimmungen üben ebenfalls auf den Kunden des Finanzmaklers einen unangemessenen Druck aus, weil der Interessent genau den Kreditvertrag unterzeichnen soll, den ihm der Makler vermittelt. Den unzulässigen Zwang hat die höchstrichterliche Rechtsprechung aber gerade als das Kriterium angesehen, das notwendig eine einheitliche notarielle Beurkundung von Immobilienmakler- und Grundstückskaufvertrag gebietet. Aus diesem Grund muß auch der unangemessene Druck erfolgsunabhängiger Provisionsvereinbarungen in Kreditvermittlungsverträgen diese mit den Kreditverträgen zu einer rechtlichen Einheit i.S.v. § 139 BGB verklammern.

3. Wirtschaftliche Einheit des Kreditgeschäfts als Indiz für rechtliche Einheit

In der Rechtsprechung des BGH[719] ist anerkannt, daß die wirtschaftliche Einheit eines Geschäfts deren rechtliche Einheit indizieren kann. Eine solche wirtschaftliche Einheit wurde höchstrichterlich auch schon zwischen Kredit- und Kreditvermittlungsvertrag bejaht[720]. Noch weitergehender nimmt das OLG Düsseldorf[721] sogar eine rechtliche Einheit an. Zur Begründung stellt es dabei ab auf die Sichtweise des Kreditnehmers für den Kredit- und Kreditvermittlungsvertrag ein einheitliches Rechtsgeschäft bilden. Für die hier relevante anwaltliche Prozeßpraxis wird man jedoch mit dem BGH lediglich von einer wirtschaftlichen Einheit ausgehen können, der eine Indizwirkung für die rechtliche Einheit zukommt.

II. Die Sittenwidrigkeit von Kreditvermittlungsverträgen

1. Sittenwidrigkeit infolge eines auffälligen Leistungsmißverhältnisses

Ein Kreditvermittlungsvertrag ist regelmäßig sittenwidrig, wenn der Makler das Mehrfache der ortsüblichen Provision verlangt und zusätzliche Umstände hinzu-

---

718 BGH WM 1988, 221, 223; WM 1985, 751, 752; NJW 1965, 246/247; vgl. auch BGH WM 1983, 1408/1409, wo der Auftraggeber (unwirksam) verpflichtet war, eigene Verhandlungen mit Darlehensgebern nur unter Hinzuziehung des Maklers zu führen.

719 BGH WM 1987, 215, 216; MDR 1966, 749.

720 BGH WM 1980, 892, 893.

721 OLG Düsseldorf vom 09.02.1983, Az. 6 U 145/82, S. 4. Vgl. im übrigen auch noch OLG Düsseldorf vom 24.02.1983, Az. 6 U 133/82, S. 14.

treten, wie z.B. eine verwerfliche Gesinnung oder die Ausnutzung der schwierigen Lage oder auch der Unerfahrenheit der anderen Vertragspartei.[722]

Erreicht die Makler-Courtage dabei gar das vier- bis achtfache der üblichen Vergütung, ist die verwerfliche Gesinnung des Maklers bzw. das Ausnutzen der schwierigen finanziellen Situation des Kunden zu unterstellen.[723]

2. Sittenwidrigkeit wegen Doppelmaklertätigkeit und erfolgsunabhängiger Provisionsvereinbarung

In Betracht kommt ferner die Sittenwidrigkeit von Kreditvermittlungsverträgen, die vom Erfolg unabhängige Provisionsvergütungen enthalten, bei gleichzeitiger Doppeltätigkeit des Finanzmaklers sowohl für den Kreditgeber als auch für den Kreditnehmer.

In dem vom BGH am 18.05.1973[724] entschiedenen Fall wurde die erfolgsunabhängige Provisionsklausel eines Doppelmaklers gegenüber dem Erwerber einer Eigentumswohnung als sittenwidrig beanstandet. Diese Rechtsprechungsaussage ließ sich aber auf vergleichbare Verträge von Finanzvermittlern übertragen. Auch hier wird man also derartige Vereinbarungen bei einer Tätigkeit für beide Kreditvertragsparteien als sittenwidrig einzustufen haben, da - wie bereits oben[725] aufgezeigt - kein rechtlicher Unterschied hinsichtlich des Verbots erfolgsunabhängiger Provisionsbestimmungen in Immobilien- und Finanzmaklerverträgen besteht.

Die Sittenwidrigkeit der Klauseln verbunden mit der Doppeltätigkeit bewirkt zudem die Nichtigkeit des Kreditvermittlungsvertrages. Allgemein ist im Rahmen von § 138 BGB eine Aufrechterhaltung des Vertrages nur möglich, sofern er lediglich wegen einer überlangen Vertragsdauer[726] oder wegen einer Vertrags-

---

722 BGH BB 1994, 964, 965; vgl. auch die frühere Entscheidung BGH WM 1976, 289, 290, wo Sittenwidrigkeit angenommen wurde, weil der Makler das fünffache der üblichen Provision berechnete sowie aus der instanzengerichtlichen Rechtsprechung OLG Oldenburg NJW-RR 1986, 857/858, das Sittenwidrigkeit bejahte, weil die geltend gemachte Provision die ortsübliche um relativ ca. 100-200% überstieg. Ferner OLG Köln MDR 1962, 52 beim dreifachen Überschreiten des ortsüblichen Maklerlohns und LG Aachen NJW-RR 1987, 741, welches eine relative Überschreitung von etwa 100% genügen ließ.

723 BGH BB 1994, 964, 966; WM 1976, 289, 290; vgl. auch LG Aachen NJW-RR 1987, 741, 742; OLG Oldenburg NJW-RR 1986, 857, 858.

724 BGH NJW 1973, 1458, 1460; vgl. auch LG Frankfurt BB 1976, 1531/1532 und OLG Hamburg MDR 1974, 580/581.

725 Siehe oben, S. 149/150.

726 BGH NJW 1979, 1605, 1606.

rückwirkung[727] zu beanstanden wäre. Wird dagegen eine überhöhte Leistung verlangt, so ist der Vertrag insgesamt unwirksam.[728] Letztere Voraussetzung ist auch bei den hier interessierenden Maklerverträgen gegeben, zumal die Provisionsabmachungen deshalb als sittenwidrig eingeordnet wurden, weil die Makler entweder die volle Provision[729] oder zumindest etwa 30-50% davon[730] losgelöst vom Erfolg beanspruchten.

III. Die mögliche Bedeutung der Rechtsprechung für ritterschaftliche Hypothekendarlehensverträge

Die Rechtsprechung zur sittenwidrigen Kreditvermittlung besitzt vor allem wegen der hohen Maklerprovisionen ritterschaftlicher Kreditvermittler mögliche Relevanz.[731] In Betracht käme ferner eine Nichtigkeit wegen einer Doppelmaklertätigkeit bei gleichzeitiger

Vereinbarung erfolgsunabhängiger Provisionsklauseln.[732] Erschwert worden sein könnte das Sittenwidrigkeitsmoment in der zuletzt genannten Fallgruppe zudem bei Abschluß von Makleralleinaufträgen mit Landwirten[733], wenn der Makler absprachewidrig eine Innenprovision (Packing) vom ritterschaftlichen Kreditinstitut erhalten haben sollte.

Die wirtschaftliche Einheit zwischen den Kreditvermittlungs- und Kreditverträgen wäre zudem ein gewichtiges Indiz für deren rechtliche Einheit. Letztere wird man bei der Verwendung erfolgsunabhängiger Provisionsvereinbarungen bejahen müssen, welche die Grenze von 10-15% der Erfolgsprovision überstiegen. Kein Zweifel an einer rechtlichen Einheit könnte zudem bei Verstößen gegen § 56 Abs. 1 Nr. 6 GewO bestehen.

---

727 OLG Hamburg NJW 1990, 521.

728 BGH Z 68, 204, 207.

729 BGH NJW 1973, 1458, 1460.

730 Vgl. OLG Hamburg MDR 1974, 580/581 (ein Drittel der Gesamtcourtage) und LG Frankfurt BB 1976, 1531 (50% der Provision).

731 Siehe oben, S. 27 ff. und insbesondere auch S. 150 ff.

732 Vgl. den auszugsweisen Abdruck von Kreditvermittlungsverträgen ritterschaftlicher Kreditvermittler im Anhang, wonach bei Erfolglosigkeit 50-100% der Erfolgsprovision anfielen.

733 Vgl. den auszugsweisen Abdruck von Kreditvermittlungsverträgen ritterschaftlicher Kreditvermittler im Anhang.

Zweiter Teil: Der mögliche Bereicherungs-, Nutzungs- und Schadensausgleich bei bereits abgewickelten Geschäften

Abschließend bleibt noch kurz der mögliche Bereicherungs-, Nutzungs- und Schadensausgleich der vorstehend untersuchten ritterschaftlichen Kreditgeschäfte nach §§ 812 Abs. 1, 818 Abs. 1 BGB und c.i.c. aufzuzeigen. Weil die Verträge wegen der durchgeführten Zwangsvollstreckungsmaßnahmen, insbesondere Zwangsversteigerungsverfahren[734], vielfach bereits abgewickelt sein dürften, beschränkt sich die Abhandlung daher nur auf den Ausgleich in derartigen Fällen. Eventuell bestehende deliktsrechtliche Ansprüche kommen bei den Darlehen aus den Jahren 1962 bis 1987[735] wegen der dreijährigen Verjährungsfrist des § 852 BGB ohnehin praktisch nicht mehr in Betracht.

Da in der bisherigen ritterschaftlichen Prozeßpraxis allenfalls Bereicherungs- und Nutzungsansprüche Gegenstand der Gerichtsentscheidungen[736] waren und mögliche Schadensersatzansprüche ehemaliger Kreditnehmer bislang insoweit keine Rolle spielten, soll der Bedeutung in der Praxis entsprechend zunächst auf den möglichen Bereicherungs- und Nutzungsausgleich nach §§ 812 Abs. 1, 818 Abs. 1 BGB eingegangen werden. Erst anschließend erfolgt eine Prüfung der vertragsnahen Ansprüche aus c.i.c.

A. Der Bereicherungs- und Nutzungsausgleich nach §§ 812 Abs. 1, 818 Abs. 1 BGB

I. Ansprüche des ritterschaftlichen Kreditinstituts

1. Ansprüche des Kreditgebers auf Rückerstattung des Kapitals und dessen Verzinsung

a) Anspruchsinhalt

Ist ein Kreditvertrag nach §§ 134, 138 BGB nichtig, so hat der Kreditgeber gegen den Kreditnehmer einen Anspruch aus § 812 Abs. 1 BGB auf Rückzahlung des zur Verfügung gestellten Nettokapitals und zwar nur in Raten in dem ursprünglich vertraglich festgelegten Zeitraum. Ein Zinsanspruch für die Darlehensvaluta

---

734 Siehe oben, S. 27 ff.
735 Siehe oben, S. 27 ff.
736 Vgl. die oben in den Fußn. 31 und 38 genannten Urteile.

besteht bis zum Fälligwerden der einzelnen Raten nicht, auch nicht in Höhe einer marktüblichen Vergütung. Ab Fälligkeit der Raten hat der Kreditgeber dagegen einen Anspruch i.H.v. 4% gemäß §§ 819 Abs. 1, 818 Abs. 4, 291, 246 BGB bzw. i.H.v. 5% gemäß §§ 352, 353 HGB, soweit kein höherer Verzugsschaden gemäß §§ 286 Abs. 1, 288 Abs. 2 BGB dargelegt wird. Bei vorzeitiger Rückzahlung der Kreditsumme dagegen kann der Anspruch auf Verzugszinsen auch ganz entfallen.[737] Eine Berufung des Kreditnehmers auf den Wegfall der Bereicherung nach § 818 Abs. 3 BGB gegenüber dem Kapitalrückzahlungsanspruch des Kreditgebers scheidet grundsätzlich aus[738], es sei denn, daß er niemals das Darlehenskapital zu eigener Verfügung und/oder zu dessen eigener Nutzung erhalten hat, z.B. wenn die Valuta zur Finanzierung des gleichfalls nichtigen Vertrages eines Dritten dient.[739]

b) Anspruchsumfang

aa) Anspruch auf Rückforderung des Darlehenskapitals

Die Frist des Darlehensgebers zur Rückforderung des Darlehenskapitals verjährt in 30 Jahren.[740]

bb) Anspruch auf Verzinsung der Raten ab Fälligkeit

Der Anspruch des Kreditgebers auf Verzinsung der Raten ab Fälligkeit unterliegt der vierjährigen Verjährungsfrist des § 197 BGB.[741]

2. Die Bereicherungsansprüche des ritterschaftlichen Kreditinstituts

Die ritterschaftlichen Kredite werden hier regelmäßig vorzeitig zurückgezahlt worden sein. Entsprechende Ansprüche auf Rückzahlung des Kapitals und auf dessen Verzinsung ab Fälligkeit werden insofern nicht mehr bestehen. Zu berück-

---

737 BGH WM 1989, 1083, 1085; ZIP 1989, 972, 973; WM 1989, 170, 173; WM 1988, 184, 186; WM 1987, 463, 465; WM 1987, 339/341; WM 1986, 1517, 1520; NJW 1983, 2692, 2693; NJW 1983, 1420, 1422; WM 1982, 1021, 1023; WM 1975, 128, 129; WM 1962, 606, 607; vgl. auch BGH NJW 1979, 1605, 1606; BGHZ 64, 204, 207; 44, 158, 162; BGH NJW 1958, 1772 sowie die gegen die DG HYP ergangene Ritterschaftsentscheidung BGH WM 1993, 1323, 1324.

738 BGH NJW 1979, 1597, 1599.

739 BGH NJW 1991, 1810, 1811; NJW 1989, 2879, 2881; NJW 1983, 2692, 2693; NJW 1978, 1970, 1972.

740 BGHZ 71, 322, 325; 60, 108, 110.

741 Vgl. BGH NJW 1993, 3318, 3320; NJW 1993, 1384; Palandt-Heinrichs § 197 Rz. 5.

sichtigen ist jedoch, daß sich die landwirtschaftlichen Kreditnehmer im Rahmen des Bereicherungsausgleichs ganz oder teilweise auf Entreicherung berufen können, sofern das ritterschaftliche Darlehenskapital einem Dritten zur Ablösung eines ebenfalls nichtigen Darlehens- oder Maklervertrages zur Verfügung/Nutzung gestellt wurde. Dabei ist vor allem an die Finanzierung sittenwidriger BfG-Kredite und sittenwidriger ritterschaftlicher Kreditvermittlerprovisionen zu denken.[742]

II. Ansprüche ritterschaftlicher Kreditnehmer

1. Ansprüche des Kreditnehmers auf Rückerstattung der Kreditgebühren

a) Anspruchsinhalt

Bei Nichtigkeit des Kreditvertrages kann der Kreditnehmer vom Kreditgeber gemäß § 812 BGB die Rückzahlung sämtlicher Kreditzinsen, Bearbeitungsgebühren, Kreditvermittlerprovisionen der Bank an den Kreditvermittler und bei Nichtigkeit des Maklervertrages auch die vom Kreditnehmer an den Makler gezahlte Provision sowie die Hälfte der angemessenen Restschuldversicherungsprämie verlangen.[743]

b) Anspruchsumfang

Bei Annuitätendarlehen sind die zuviel berechneten Zinsen auf die Tilgung zu verwenden. Demzufolge verjährt der Bereicherungsanspruch des Darlehensnehmers erst in 30 Jahren nach § 195 BGB, sofern bei vorzeitigem Vertragsende ein hoher Ablösebetrag geleistet wurde.[744]

---

742 Siehe oben, S. 27 ff.

743 BGH NJW 1991, 1810, 1811; WM 1989, 1364, 1367; NJW 1983, 2692, 2693; NJW 1983, 1420, 1422; WM 1978, 875, 877.

744 Vgl. insoweit den Leitsatz der gegen die BRH ergangenen BGH-Entscheidung vom 23.10.1990 (BGH WM 1990, 1989). Das Urteil betraf zwar den Bereicherungsanspruch des Kreditnehmers wegen der vom ritterschaftlichen Kreditinstitut in unzulässiger Weise verlangten Verzugszinsen, jedoch kann bei einer Gesamtnichtigkeit des Kreditgeschäfts nach § 134 BGB, § 138 BGB oder §§ 139, 138 BGB nichts anderes gelten als bei einer Unwirksamkeit der Verzugszinsklausel in Ziff. 5 der ritterschaftlichen Schuldurkunde. Vgl. ferner von Feldmann EWiR 1990, 1173. Etwas anderes dürfte indes für Darlehen zutreffen, bei denen die Tilgung nach Ablauf der gesamten Vertragslaufzeit in einer Summe aus einer angesparten Lebensversicherung erfolgen sollte. Hierbei handelt es sich um Fälligkeitsdarlehen, bei denen während der Laufzeit keine Tilgung geschuldet wird, so daß gezahlte aber wegen

2. *Ansprüche des Kreditnehmers auf Herausgabe gezogener Nutzungen*

a) Anspruchsinhalt

Der Kreditnehmer hat überdies gemäß §§ 812 Abs. 1, 818 Abs. 1 BGB einen Anspruch auf die Herausgabe gezogener Nutzungen, wobei seine Bereicherungsforderung mit dem banküblichen Durchschnittsanlagekreditzinssatz zu verzinsen ist.[745]

b) Anspruchsumfang

Nutzungsansprüche bei Annuitätendarlehen verjähren ebenfalls in 30 Jahren gemäß § 195 BGB.[746]

Nichtigkeit nicht geschuldete Zinsen auch nicht zur Tilgung verwendet werden können. Deshalb wird man hier wohl für die Praxis – konformgehend mit den Grundsätzen der BGH-Rechtsprechung zu Ratenkreditverträgen (vgl. BGH NJW 1986, 2564) – die Bereicherungsansprüche als Ansprüche ansehen müssen, die auf regelmäßig wiederkehrende Leistungen gerichtet sind. Insofern gilt die 4jährige Verjährung nach § 197 BGB. Vgl. so auch die wegen der Hypothekenkreditverträge des ehemaligen Braunschweigischen ritterschaftlichen Kreditinstituts gegen die DG HYP ergangenen Entscheidungen des LG Hamburg, Az. 321 O 354/95, S. 5/6; 308 O 270/95, S. 11 ff.; 308 O 269/95, S. 7 ff. Allerdings sind diese Rechtsfragen – soweit ersichtlich – im hier untersuchten Zeitraum höchstrichterlich noch nicht geklärt.

745 BGH DB 1995, 212, 213; NJW 1988, 258, 259; NJW 1983, 1420, 1423; BGHZ 64, 322, 323; BGH LM Nr. 7 zu § 818 Abs. 2 BGB; WM 1962, 606, 608; NJW 1961, 2205, 2206; NJW 1961, 452; RGZ 151, 123, 127; 72, 152, 153; 53, 363, 371; OLG Düsseldorf NJW-RR 1995, 313; OLG Hamm NJW-RR 1988, 1004, 1006; vgl. auch BGH NJW 1988, 1967, 1969, 1971 und NJW 1974, 895, 896.

746 OLG Düsseldorf NJW-RR 1995, 313; AG Köln VuR 1997, 239, 240; Kohte NJW 1984, 2316, 2317; Büttner BB 1970, 233, 234. Grundsätzlich verjähren Nutzungsansprüche in 30 Jahren nach § 195 BGB. Nach Ansicht des LG Hamburg verjähren die Nutzungsansprüche bei den mit einer Lebensversicherung kombinierten ritterschaftlichen Fälligkeitsdarlehen jedoch in 4 Jahren gem. § 197 BGB. Begründet wird dieses damit, daß die Bereicherungsansprüche bei Fälligkeitsdarlehen ebenfalls der 4jährigen Verjährungsfrist unterliegen und es sich bei Nutzungen um Nebenleistungen gem. § 224 BGB handelt. (Vgl. LG Hamburg, Az. 321 O 354/95, S. 6; 308 O 270/95, S. 14/15; 308 O 269/95, S. 9 – siehe auch bereits oben, S. 155/156, Fußn. 744). Das erscheint – zumindest für die hier interessierende Praxis – zutreffend. Für Nutzungsansprüche bei Annuitätendarlehen bleibt es aber bei der 30jährigen Verjährung. Indes sind auch diese Rechtsfragen – soweit ersichtlich – im hier untersuchten Zeitraum noch nicht höchstrichterlich geklärt.

3. Die Bereicherungs- und Nutzungsansprüche ritterschaftlicher Kreditnehmer

Für ritterschaftliche Kreditnehmer käme damit die Rückforderung sämtlicher entrichteter Kreditkosten in Betracht, soweit sie das Darlehen selbst betreffen. Speziell bei Kapitallebensversicherungskrediten ist die Hälfte der angemessenen Versicherungsprämien erstattungsfähig, zumal die Kapitallebensversicherung zugleich eine Risikolebensversicherung, also eine Restschuldversicherung, beinhaltet. Die Bereicherungsansprüche sind entsprechend[747] zu verzinsen. Nimmt dabei zudem die DG HYP als Rechtsnachfolgerin des ritterschaftlichen Bankhauses keine prozentuale Aufschlüsselung ihres Aktivgeschäftes und des ritterschaftlichen Aktivgeschäftes vor, ist es geboten bei der Höhe der Nutzungen von den marktüblichen Zinssätzen der den größten Zinsertrag bringenden Anlageart auszugehen, was bei Hypothekenbanken regelmäßig die Verzugszinssätze für grundpfandrechtlich gesicherte Darlehens sein werden.[748] Wegen der 30jährigen Verjährungsfrist – zumindest für Ansprüche aus Annuitätendarlehensverträgen – wäre somit ein Teil der Ansprüche aus den Verträgen der Jahre 1962 bis 1987 noch nicht verjährt.

B. Der Schadensausgleich nach c.i.c.

I. Schadensersatzansprüche bei unwirksamen Verträgen

1. Anspruchsinhalt

Bei unwirksamen Verträgen macht sich die Partei, die den Grund der Unwirksamkeit zu vertreten hat, nach c.i.c. schadenersatzpflichtig.[749] Das gilt auch für Verträge, die gemäß § 134 BGB[750] oder gemäß § 138 BGB[751] nichtig sind. Die Rechtsfolgen des Anspruchs ergeben sich aus den §§ 249 ff. BGB. Zu ersetzen ist das negative Interesse, der sog. Vertrauensschaden. Der Anspruchsteller muß

---

747 Das LG Braunschweig und das OLG Braunschweig haben bei den hier in Rede stehenden ritterschaftlichen Kreditgeschäften Nutzungen iHv 6% p.a. als angemessen angesehen. Vgl. z.B. LG Braunschweig, Az. 5 O 54/92, S. 8; 5 O 168/89 S. 5; OLG Braunschweig, Az. 3 U 159/92, S. 5/6; 3 U 56/90, S. 6.

748 Vgl. OLG Düsseldorf NJW-RR 1995, 313, wo bei einer Geschäftsbank von den durchschnittlichen Sollzinsen für Kontokorrentkredite ausgegangen wurde.

749 BGHZ 99, 101, 106.

750 Vgl. BGH, ebd. unter Bezugnahme auf BGHZ 18, 248, 252 ff.

751 Vgl. BGHZ 99, 101, 107, speziell für die Nichtigkeit nach § 138 Abs. 1 BGB. Dieses dürfte jedoch auch allgemein für die Nichtigkeit von Verträgen nach § 138 BGB bzw. nach §§ 139, 138 BGB gelten.

so gestellt werden, wie er stehen würde, wenn er nicht auf die Gültigkeit des Geschäfts vertraut hätte.[752] Der Ersatzanspruch ist der Höhe nach nicht begrenzt durch das Erfüllungsinteresse.[753] Vom Inhalt des Anspruchs kommt für nichtige und bereits abgewickelte Verträge insbesondere in Betracht: Allgemein der Ersatz nutzloser bzw. fehlgeschlagener Aufwendungen[754], im besonderen der Ersatz zusätzlich verursachter Passivschulden auch bei einem vermögenslosen Schuldner bzw. die Befreiung von einer Verbindlichkeit[755] und die Erstattung von Finanzierungskosten[756], soweit sie wirtschaftlich vertretbar und angemessen sind. Speziell bei Krediten, die dem Erwerb einer Immobilie dienen, sind die Darlehenszinsen und Kosten sowie die vermögensmäßigen Auswirkungen des Grunderwerbs im Rahmen der Schadensermittlung zu beachten.[757] Setzt der Gläubiger eigene Mittel zur Schadensbeseitigung ein, so ist der Zinsverlust zu ersetzen.[758] Entgangene Unternehmergewinne, die ggf. durch ein Sachverständigengutachten zu ermitteln sind, zählen ebenfalls zum ersatzfähigen Schaden.[759]

2. Anspruchsumfang

Die Verjährungsfrist für Schadensersatzansprüche beträgt 30 Jahre.[760]

---

752 BGH NJW-RR 1990, 230; NJW 1981, 1673.

753 BGH NJW-RR 1990, 230; BGHZ 69, 53, 56; 57, 191, 193; RGZ 151, 357, 359.

754 BGH NJW 1990, 2543, 2544; BGHZ 99, 182, 197; 99, 101, 107; 71, 234, 238; 57, 78, 80.

755 BGH NJW 1989, 1215, 1216; NJW-RR 1987, 43, 44; NJW 1986, 581, 582; BGHZ 66, 1, 4; 59, 148, 149/150.

756 BGHZ 61, 346, 349/350.

757 BGH WM 1991, 890, 891.

758 OLG Köln MDR 1973, 313; LG Kassel VersR 1973, 382, 383; Palandt-Heinrichs § 254 Rz. 40; Erman-Kuckuk § 249 Rz. 105.

759 BGH DB 1993, 2230.

760 BGH NJW 1992, 1615, 1616; NJW 1986, 2564, 2567; NJW 1985, 1769, 1772; BGHZ 57, 191, 194; 49, 77, 80. Wird die Erstattung der Kreditkosten statt über § 812 Abs. 1 BGB gem. c.i.c. geltend gemacht so dürfte bei Ansprüchen aus Annuitätendarlehen die 30jährige Verjährung und bei Ansprüchen aus Fälligkeitsdarlehen die 4jährige Verjährung gelten. Der Anspruch aus c.i.c. unterliegt nämlich nur dann der 30jährigen Verjährung, wenn nicht eine der Regelungen über eine kürzere Frist eingreift. Vgl. BGH NJW 1986, 2564, 2567. Da aber bei Fälligkeitsdarlehen – wie bei Ratenkrediten – der Anspruch seiner Art nach auf regelmäßig wiederkehrende Leistungen gerichtet ist, gilt das zum Bereicherungsanspruch Gesagte auch für den Anspruch aus c.i.c. Vgl. auch BGH, ebd., S. 2567. Indes sind diese Rechtsfragen – soweit ersichtlich – im hier untersuchten Zeitraum höchstrichterlich noch nicht geklärt.

II. Schadensersatzansprüche ritterschaftlicher Kreditnehmer

Für ritterschaftliche Kreditnehmer käme hier insbesondere der Ersatz von Schäden in Frage, verursacht durch den ganzen oder teilweisen (Not-)Verkauf ihrer Grundstücke bzw. deren Zwangsversteigerung infolge der Begleichung nicht bestehender ritterschaftlicher Kreditzinsforderungen und der damit vielfach einhergehenden betrieblichen Existenzvernichtung. Auch diese Ansprüche wären demnach zum Teil noch nicht verjährt.

Schlußteil: Die kurze Zusammenfassung der wichtigsten Ergebnisse

1. Eine mögliche Nichtigkeit der landwirtschaftlichen Hypothekendarlehensverträge des ehemaligen Braunschweigischen ritterschaftlichen Kreditinstituts-/vereins, Wolfenbüttel gemäß §§ 177 ff. BGB wegen fehlender aufsichtsbehördlicher Genehmigung von Verträgen scheidet aus, da es sich bei den Satzungen des Kreditinstituts/-vereins von 1940 und 1968, welche die aufsichtsbehördlichen Genehmigungsvorbehalte enthielten, nicht um öffentlich-rechtliche Satzungen sondern um privatrechtliche Vereinsbestimmungen handelt.
2. Eine mögliche Nichtigkeit der Kreditgeschäfte kommt nach § 134 BGB i.V.m. § 56 Abs. 1 Nr. 6 GewO in Betracht. Die Vorschrift des § 56 Abs. 1 Nr. 6 GewO existiert nach der BGH-Rechtsprechung auch und gerade zum Schutze landwirtschaftlicher Kreditnehmer. Die Nichtigkeitsfolge besteht zudem für Verträge im hier untersuchten Zeitraum nach Inkrafttreten des Haustürwiderrufsgesetzes fort, da landwirtschaftlichen Kreditnehmern als gewerblichen Kreditnehmern kein Widerrufsrecht zusteht.
   Verstöße gegen § 56 Abs. 1 Nr. 6 GewO sind bereits dann in Erwägung zu ziehen, wenn der Kunde erstmalig eine Hypothekenkreditumschuldungsvermittlung bei einem Finanzmakler in Auftrag gibt, zu welchem zuvor noch keine Geschäftsbeziehungen bestanden, weil selbst die konkrete Bestellung zu einem objektiv finanziell belastenden Geschäft regelmäßig keine wirksame vorhergehende Bestellung, sondern nur eine rechtlich unverbindliche Informationsbitte auslösen kann.
   Verstöße gegen § 56 Abs. 1 Nr. 6 GewO kommen des weiteren in Frage, weil Ehegatten/Familienangehörige Kreditvermittlungsverträge unterzeichneten, tatsächlich aber nichts mit Kreditvermittlungen zu tun haben wollten und überdies selbst keinen Kontakt zum Makler aufnahmen.
   Ferner löst eine wettbewerbswidrige Kontaktanbahnung durch Kreditvermittler in aller Regel keine wirksame vorhergehende Bestellung aus. Das ist vor allem der Fall bei einer Kontaktaufnahme durch wettbewerbswidrige Telefon-, Brief- und Anzeigenwerbung, wettbewerbswidrige Vertreterbesuche sowie wettbewerbswidrig durchgeführte Kreditumschuldungsvermittlungen.
3. Eine mögliche Nichtigkeit der Kreditgeschäfte nach § 134 BGB i. V. m. Art. 1, § 1 RBerG könnte gegeben sein, sofern die Kredite von Finanzmaklern in

erlaubnispflichtiger Weise als Umschuldungen vermittelt wurden, sie Schuldenregulierungen und Betriebssanierungen vornahmen ohne im Besitz einer Zulassung nach dem RBerG gewesen zu sein, zumal das RBerG unter anderem zum Schutz landwirtschaftlicher Kreditnehmer verabschiedet wurde. Dabei kommt es hier jedoch mitentscheidend darauf an, ob und unter welchen Voraussetzungen von einer Beteiligung des Braunschweigischen ritterschaftlichen Kreditinstituts/-vereins an den Entschuldungshandlungen der Makler auszugehen gewesen wäre, was noch einer entsprechenden (höchstrichterlichen) Klärung bedarf.

4. Eine weitere mögliche Nichtigkeit ritterschaftlicher Kreditgeschäfte kann sich daraus ergeben, daß die Kredite nach § 138 BGB zu beanstanden sind. Der neueren Rechtsprechung zum Konsumentenkredit kommt dabei eine größere Bedeutung zu als der älteren Rechtsprechung zum Gewerbekredit. Dabei können die Verträge nichtig sein, auch ohne daß zwingend notwendig das sogenannte „Leistungsmißverhältnis" vorliegen muß. So führen unwirksame Verzugszinsklauseln und Umschuldungsnachteile, jeweils in Verbindung mit einem überhöhten Vertragszins und weiteren belastenden Geschäftsumständen zur Sittenwidrigkeit eines Vertrages. Die finanzielle Überforderung reicht bereits allein für eine Nichtigkeit nach § 138 BGB aus - auch im Fall eines marktüblichen Zinssatzes - vorausgesetzt dem Kreditnehmer ist die Überforderung, etwa infolge seiner altersbedingten Unerfahrenheit, nicht ersichtlich.

5. Ein letzter Nichtigkeitsgrund der hier in Rede stehenden landwirtschaftlichen Darlehensverträge kann sich aus §§ 139, 138 BGB ergeben, zum einen wegen der unzulässigen Mithaft naher Angehöriger und zum anderen wegen der Sittenwidrigkeit von Kreditvermittlungsverträgen.

   Die Nichtigkeit wegen sittenwidriger Mithaft naher Angehöriger wird vor allem bei Ehegattenkreditgeschäften von Bedeutung sein, so z.B., wenn der Ehemann Alleineigentümer des beliehenen Hofes war, der Ehefrau als Mitkreditnehmerin somit kein unmittelbarer Vorteil zukam, sie über keinerlei eigenes Einkommen und Vermögen verfügte, ihre Schul- und Berufsausbildung/-erfahrung sowie die auf eine Tätigkeit als Hausfrau, Mutter und mithelfende Familienangehörige angelegte Zukunftsplanung keine Möglichkeit zu verschaffen mochte, einen nennenswerten Beitrag zur Rückführung eines Hypothekendarlehens in Höhe von mehreren hunderttausend DM oder gar in Millionenhöhe zu leisten, und weitere belastende Umstände hinzutraten.

   Die Nichtigkeit von Kreditvermittlungsverträgen resultiert vornehmlich daraus, daß hohe Maklerprovisionen zu deren Sittenwidrigkeit führen. Auch eine Nichtigkeit wegen einer Doppelmaklertätigkeit bei gleichzeitiger Vereinbarung erfolgsunabhängiger Provisionsklauseln ist denkbar.

6. Die Nichtigkeit der Kreditgeschäfte führt zu möglichen Bereicherungs-, Nutzungs- und Schadensersatzansprüchen nach §§ 812 Abs. 1, 818 Abs. 1 BGB und c.i.c.
   Ein Teil der Ansprüche wäre wohl noch nicht verjährt.
   Die Frage der Verjährung bedarf aber in einigen Bereichen noch einer weitergehenden höchstrichterlichen Klärung.

Anhang

A. Die Geschäftsbedingungen des Braunschweigischen ritterschaftlichen Kreditinstituts/-vereins, Wolfenbüttel im Auszug

I. Darlehenszusageschreiben aus dem Jahre 1976

„... Wir können Ihnen die erfreuliche Mitteilung machen, daß wir auf unserer heutigen Vorstandssitzung Ihrem, uns durch die Firma ..., übermittelten Darlehensantrag entsprochen haben.

Wir stellen Ihnen daher hiermit gemäß unseren Allgemeinen Geschäftsbedingungen ein Hypothekendarlehen in Höhe von

DM ... zu folgenden Konditionen zur Verfügung.

Laufzeit	20 Jahre
Zinssatz fest für 5 Jahre	7,0% p.a.
Auszahlung	100%
einschließlich Tilgungsstreckung	5 x 2%
Tilgung	2,0% p.a.
zuzüglich ersparter Zinsen	
Tilgungsbeginn	...
1% einmalige Bearbeitungsgebühr	

..."

II. Schuldurkunde aus dem Jahre 1967

„...

1. Das Darlehen ist vom heutigen Tage ab mit ...% jährlich zu verzinsen, zuzüglich eines Verwaltungskostenbeitrages von ...% jährlich = insgesamt ...% jährlich. ... Von Beginn der Tilgung ab werden die Jahreszinsen von dem am Schluß des Tilgungsjahres nicht getilgten Restkapital berechnet.
2. Zur Abgeltung von Kapitalbeschaffungskosten ... ist ein einmaliger Betrag von ...% des Darlehensnennbetrages in zwei gleichen Raten von je DM ... am 15. Mai 19.. und am 15. November 19.. zu zahlen.

3. Die nach Ziffer 1 zu bewirkende Leistung ist in zwei Halbjahresteilen, und zwar für die Zeit vom 1. Januar bis 30. Juni am 15. Mai und für die Zeit vom 1. Juli bis 31. Dezember am 15. November eines jeden Jahres zu entrichten.
4. Wird eine fällige Leistung nicht innerhalb von 14 Tagen nach Fälligkeit vollständig bewirkt, so können für diese Leistung 3% Zuschlag über den vereinbarten Zinssatz hinaus berechnet werden, was einer Gesamtleistung von ...% p.a. entspricht. Das gleiche gilt auch für den Fall der Zwangsversteigerung des Pfandgrundstücks und der außerordentlichen Kündigung nach Ziffer 7.

...

6. Solange das Darlehen zur Deckungsmasse für Schuldverschreibungen des Darlehensgebers gehört, wird das in § 247 Abs. 1 BGB enthaltene Kündigungsrecht des Darlehensnehmers ausgeschlossen.
7. Der Darlehensgeber hat das Recht, das Darlehen mit einmonatiger Frist ganz oder teilweise zu kündigen:
   a) wenn der Darlehensnehmer seinen Verpflichtungen nicht nachkommt, insbesondere die Beiträge oder sonst geschuldete Beträge trotz Mahnung nicht innerhalb 2 Wochen bezahlt werden ...

   ...

   d) wenn der Darlehensnehmer in Konkurs gerät oder die Zwangsverwaltung oder Zwangsversteigerung der verpfändeten Grundstücke eingeleitet wird,

...

18. ...

Ich ... genehmige ... die vorstehende Erklärung meines Ehegatten ..."

III. Schuldurkunde aus dem Jahre 1976

1. Das Darlehen ist vom Tage der Auszahlung ab mit ...% jährlich zu verzinsen. Dieser Zinssatz hat Gültigkeit bis zum ... Vom Tage der Darlehenszusage ab bis zur Auszahlung sind 3% p.a. Bereitstellungszinsen zu zahlen.
2. Daneben ist vom ... 19.. eine jährliche Tilgung von ...% der Darlehenssumme zu zahlen. Die Jahresleistung von insgesamt ...% jährlich einschließlich Zinsen ist ohne Rücksicht auf das Fortschreiten der Tilgung gleichbleibend zu entrichten. Von Beginn der Tilgung ab werden die Jahreszinsen von dem am Schluß des Tilgungsjahres nicht getilgten Restkapital berechnet.
3. Zur Abgeltung von Kapitalbeschaffungskosten wird - ist - ein einmaliger Betrag von ...% des Darlehensnennbetrages bei der Auszahlung in Abzug gebracht - in vier gleichen Raten von je DM ... am 15. Mai 19.. und am 15. November 19.. zu zahlen. Außerdem wird eine einmalige Bearbeitungsgebühr in Höhe von 1% des Darlehennennbetrages bei der Auszahlung in Abzug gebracht.

4. Die nach Ziffer 1 und Ziffer 2 zu bewirkende Leistung ist in zwei Halbjahresteilen, und zwar für die Zeit vom 1. Januar bis 30. Juni am 15. Mai und für die Zeit vom 1. Juli bis 31. Dezember am 15. November eines jeden Jahres zu entrichten.
5. Wird eine fällige Leistung aus Ziffer 1, Ziffer 2 oder Ziffer 3 nicht innerhalb von 14 Tagen nach Fälligkeit vollständig bewirkt, kann der Darlehensgeber den Zinssatz des Darlehens bis um 4% p.a. erhöhen und zwar für den Zeitraum, für den die rückständige Leistung zu erbringen war, bis zur restlosen Zahlung der Rückstände. Das gleiche gilt auch für den Fall der Zwangsversteigerung des Pfandgrundstücks und der außerordentlichen Kündigung nach Ziffer 8.

...

7. Solange das Darlehen zur Deckungsmasse für Schuldverschreibungen des Darlehensgebers gehört, wird das in § 247 Abs. 1 BGB enthaltene Kündigungsrecht des Darlehensnehmers ausgeschlossen.
8. Der Darlehensgeber hat das Recht, das Darlehen mit einmonatiger Frist ganz oder teilweise zu kündigen:
   a) wenn der Darlehensnehmer seinen Verpflichtungen trotz Mahnung nicht innerhalb 2 Wochen nachkommt ...

   ...

   d) wenn der Darlehensnehmer in Konkurs gerät oder die Zwangsverwaltung oder Zwangsversteigerung der verpfändeten Grundstücke eingeleitet wird,

   ...

   h) wenn der unter Ziffer 1 dieses Vertrages vereinbarte Zinssatz bis zum ... nicht einvernehmlich der Marktlage angepaßt werden kann.

...

16. ...

Ich ... genehmige ... die vorstehenden Erklärungen meines Ehegatten ...

..."

B. Die Geschäftsbedingungen ritterschaftlicher Kreditvermittler im Auszug

I. Darlehensbeschaffungsauftrag des WDN aus dem Jahre 1971

„... Dieser Auftrag gilt als Alleinauftrag. ...

...

Die vereinbarte Provision beträgt 4% der Darlehenssumme zuzüglich Mehrwertsteuer.

In jedem Fall werden die Aufwendungen der Firma für Prüfungs- und Fremdkosten mit pauschal DM 10,- pro Tausend des beantragten Darlehens plus Mehrwertsteuer ersetzt ...

... "

II. Darlehensbeschaffungsauftrag des WDN aus dem Jahre 1983

„... Dieser Auftrag gilt als Alleinauftrag. ...

... Ergänzende Vereinbarungen für Finanzierungen

...

5. Nimmt der Auftraggeber seinen Auftrag vor Beschaffung einer rechtsverbindlichen Darlehenszusage zurück, verpflichtet er sich zur Zahlung eines Reuegeldes in Höhe der Hälfte der vereinbarten Provision.
   Das gleiche gilt auch,
   a) wenn der Auftraggeber, ohne Zustimmung der Firma, nach ordnungsmäßiger Einreichung der Kreditanträge das Bauvorhaben in einer Weise ändert, daß dadurch der ursprüngliche Finanzierungsplan hinfällig wird.
   b) wenn der Auftraggeber ein seinem Auftrage entsprechendes Angebot eines anerkannten Kreditinstitutes (...) nicht annimmt.
6. Der Auftraggeber verpflichtet sich zur Zahlung einer Entschädigung in Höhe der vollen vereinbarten Provision für den Fall,
   a) daß ein anerkanntes Geldinstitut von seinem schriftlichen Kreditangebot infolge unrichtiger Angaben oder wegen Nichtbeibringung erforderlicher Unterlagen zurücktritt.
   b) daß es sich erweist, daß die vom Auftraggeber gemachten Angaben über Eigenkapital oder Sicherungen erkennbar unzutreffend waren.

..."

C. Die Satzungen des Braunschweigischen ritterschaftlichen Kreditinstituts/-vereins, Wolfenbüttel im Auszug

I. Die Satzung vom 27.05.1940[761]

„Nachstehend wird die vom Braunschweigischen Finanzminister mit Erlaß Nr. F II $1644^3/40$ vom 27. Mai 1940 genehmigte Satzung des Braunschweigischen ritterschaftlichen Kreditvereins veröffentlicht.

761 A.a.O., (Fußn. 2).

Satzung
des
Braunschweigischen ritterschaftlichen
Kreditvereins.

Genehmigt durch Verfügung des Braunschweigischen Finanzministers vom 27. Mai 1940.

Abschnitt I.

Zweck und Vertretung des ritterschaftlichen Kreditvereins.

§ 1.

Der von den Mitgliedern der Braunschweigischen Ritterschaft errichtete Kreditverein hat den Zweck, durch Beleihung von Rittergütern und aufnahmefähigen Landgütern deren Eigentümern oder Besitzern Kredit zu gewähren oder zu verschaffen und die allmähliche Tilgung der Schulden zu sichern.

§ 2.

Der Verein ist öffentlich = rechtliche Kreditanstalt mit eigener Rechtspersönlichkeit und als solche eine Körperschaft öffentlichen Rechts. Er führt den Namen:
„Braunschweigischer ritterschaftlicher Kreditverein".
Er haftet für seine Verbindlichkeiten mit seinem ganzen Vermögen ...

§ 3.

Der ritterschaftliche Kreditverein steht unter der Aufsicht der Braunschweigischen Ritterschaft, welche die Überwachung ihrer Vermögensinteressen dem ritterschaftlichen Ausschuß übertragen hat. Er untersteht ferner der Aufsicht des Braunschweigischen Finanzministers. ...

Der Verein wird gerichtlich und außerordentlich durch die ritterschaftliche Kreditkommission vertreten, er hat seinen Sitz in Wolfenbüttel. Seine rechtsverbindliche Zeichnung geschieht in der Form: „Braunschweigische ritterschaftliche Kreditkommission", mit der Unterschrift zweier Mitglieder.

Abschnitt II.

Rechtsverhältnisse zwischen dem ritterschaftlichen Kreditverein und seinen Mitgliedern.

§ 4.

I. Soweit die verfügbaren Mittel des Kreditvereins ausreichen, sind aufnahmeberechtigt: Alle im Lande Braunschweig gelegenen immatriktulierten Rittergüter nebst Bestandteilen und Zubehörungen jeder Art, desgleichen die den Eigentümern solcher Güter außerdem gehörenden und im Lande Braunschweig gelegenen Höfe, auch wenn einzelne Zubehörungen oder Bestandteile der vorbezeichneten Güter und Höfe außerhalb des Landes liegen.
II. Aufnahmefähig sind außerdem nach dem Ermessen der Kreditkommission Landgüter, deren Eintragswert (§ 8) von der Kreditkommission zu mindestens 150.000,- RM anerkannt wird.

§ 5.

Güter, welche nicht im unbeschränkten Eigentum des Antragstellers stehen, können nur dann aufgenommen werden, wenn die nötigen Genehmigungen der Behörden und Privatpersonen zur Verpfändung beschafft sind.

Ein Gut soll in der Regel nur als Ganzes aufgenommen werden. Die Kreditkommission ist jedoch befugt, die Aufnahme auf einzelne Gutsteile zu beschränken, falls deren Ertragswert (§ 8) zu mindestens 150.000,- RM geschätzt ist. Die aufgenommenen Gutsteile haben alsdann ein neues Grundbuchblatt zu erhalten.

...

§ 8.

...

Dabei ist der Ertragswert in Anlehnung an die Vorschriften der Reichsabgabenordnung zu ermitteln. Bei der Kapitalisierung des geschätzten Jahresbetrages ist auf die Höhe des für gesicherte Dauerkredite jeweils maßgebenden Zinsfußes Rücksicht zu nehmen.

...

§ 36.

Die ritterschaftliche Kreditkommission besteht aus drei Mitgliedern, welche von sämtlichen aufnahmeberechtigten Teilnehmern am Kreditvereine durch Stimmenmehrheit der Erschienenen gewählt werden; die Wahl geschieht durch geschlossene Stimmzettel auf neun Jahre. Alle drei Jahre scheidet ein Mitglied aus, welches wiedergewählt werden kann. Ein ausscheidendes Mitglied bleibt im Amte, bis das neu gewählte es übernimmt. Bei Ausscheiden durch den Tod tritt das neuzuwählende Mitglied nur für die Amtsdauer des Verstorbenen ein. Berufung und Leitung der Wahlversammlung liegt dem ritterschaftlichen Ausschusse ob.

§ 37.

Die Kreditkommission wählt aus ihrer Mitte ihren Vorsitzenden, welcher die Sitzung anberaumt und leitet.

Die ritterschaftliche Kreditkommission faßt ihre Beschlüsse nach einfacher Stimmenmehrheit; bei Behinderung eines Mitgliedes genügt der Beschluß der beiden anderen, sofern es sich um Geschäfte im Rahmen des regelmäßigen Geschäftsbetriebes handelt.

In allen anderen Fällen hat der Vorsitzende ein anderes geeignetes Mitglied der Ritterschaft an Stelle des Behinderten zuzuziehen. Ist der Vorsitzende selbst behindert, so tritt das in der Kreditkommission am längsten tätige Mitglied an seine Stelle, welches im Falle des vorherigen Satzes nach dessen Bestimmungen verjährt.

§ 38.

Die ritterschaftliche Kreditkommission führt die Geschäfte des Kreditvereins nach bestem Ermessen und in Gemäßheit dieser Satzung.

Sie ernennt die Beamten, beaufsichtigt sie und revidiert mindestens einmal jährlich die Bücher, Bestände und Effekten.

Sie wird sich auch darüber in Kenntnis erhalten, ob die Mitglieder des ritterschaftlichen Kreditvereins ihren Pflichten pünktlich nachkommen und ihre Güter nicht durch Mißwirtschaft entwerten. Außerdem besorgt sie diejenigen Mühewaltungen, welche ihr durch die Satzungen der Braunschweigischen Ritterschaft auferlegt sind. Sie ist befugt, dem Syndikus Vollmacht für bestimmte ihr obliegende Arten von Geschäften zu erteilen.

§ 39.

Die ritterschaftliche Kreditkommission kann Geschäfte, deren Vornahme auf ausdrücklicher Vorschrift der Satzung beruht, oder welche als Ausführung getroffener Bestimmungen oder als vorbereitende Maßregel oder bloße Formalitäten anzusehen sind, einem ihrer Mitglieder übertragen. Die Ausfertigung gefaßter Beschlüsse bedarf der Unterschrift nur eines Mitgliedes und der Gegenzeichnung des Syndikus.

...

§ 44.

Änderungen dieser Satzung beschließt die Ritterschaft mit einer Mehrheit von drei Vierteln der erschienenen Mitglieder. Zur Änderung des Zwecks des Kreditvereins ist die Zustimmung aller erschienenen Mitglieder erforderlich.

Satzungsänderungen bedürfen der Genehmigung des Finanzministers.

...

Anlage 1.

Muster einer Schuldurkunde für den Braunschweigischen ritterschaftlichen Kreditverein.

...

Schuldurkunde:

...

Indem ich über den Empfang des Kapitals ohne Vorbehalt quittiere und mich den Bestimmungen der oben bezeichneten Satzung ausdrücklich unterwerfe, verpflichte ich mich, dieses Darlehen vom ... ab, ohne Rücksicht auf seine allmähliche Tilgung bis zu ihrer Beendigung mit jährlich ...% des Nennwertes des Darlehenskapitals zu verzinsen sowie außerdem 1% zur Tilgung des Darlehens und zur Bestreitung der Verwaltungskosten zu zahlen. Auch übernehme ich die sonstigen durch die Satzung näher vorgesehenen Nebenleistungen, insbesondere Strafzinsen bis 0,5% des Kapitals im Verzugsfalle, jedoch nicht mehr als insgesamt 6 1/2% des Darlehens.

..."

II. Die Satzung vom 19.06.1968[762]

„Satzungsänderung
des Braunschweigischen ritterschaftlichen Kreditvereins
Bek. d. Nds. FinM v. 19.6.1968 - 20 50 01 - 7201

762 A.a.O. (Fußn. 3).

Der Rittertag der Ritterschaft des ehemaligen Landes Braunschweig hat am 25.3.1968 die sich aus der nachstehenden Neufassung ergebenden Änderungen der Satzung des Braunschweigischen ritterschaftlichen Kreditvereins beschlossen, die ich mit Erlaß vom 19. Juni 1968 - 20 50 01 - 7201 - genehmigt habe.

Satzung
des
Braunschweigischen ritterschaftlichen Kreditinstitutes

§ 1

(1) Der im Jahre 1862 gegründete „Braunschweigische ritterschaftliche Kreditverein" führt zukünftig die Bezeichnung „Braunschweigisches ritterschaftliches Kreditinstitut" (nachfolgend Kreditinstitut genannt). Es ist eine juristische Person des öffentlichen Rechts mit dem Sitz in Wolfenbüttel.
(2) Das Kreditinstitut bedient sich eines Siegels mit dem Wappen des ehemaligen Landes Braunschweig und der Inschrift „Braunschweigisches ritterschaftliches Kreditinstitut Wolfenbüttel".

§ 2

(1) Das Geschäftsgebiet des Kreditinstitutes umfaßt das ehemalige Land Braunschweig nach dem Stande vor dem Inkrafttreten der Verordnung über Gebietsbereinigungen im Raume Salzgitter vom 25.6.1941 (RGBl. I S. 357).
(2) Das Kreditinstitut ist berechtigt, außerhalb seines Geschäftsgebietes Grundstücke zu beleihen, sofern diese mit solchen innerhalb des Geschäftsgebietes im wirtschaftlichen Zusammenhang stehen, oder wenn eine Gesamtbeleihung erfolgen soll, oder soweit es sich um Grundstücke in angrenzenden Gebieten handelt; im letzteren Fall dürfen die Beleihungen nur mit Genehmigung der Aufsichtsbehörde erfolgen.
...

§ 4

(1) Das Kreditinstitut verfolgt in erster Linie den Zweck, landwirtschaftliche Realkredite zu gewähren. Es kann aber auch bebaute oder in Bebauung befindliche Wohngrundstücke oder Erbbaurechte beleihen. Solche Beleihungen sollen 10 v.H. der gesamten Ausleihungen nicht übersteigen.

(2) Das Kreditinstitut gibt seine Darlehen in erster Linie langfristig. Es soll möglichst auf eine allmähliche Schuldbefreiung durch gleichmäßige Tilgungs- oder Abzahlungsleistungen der Schuldner hinwirken.

(3) Die Geschäfte sind unter Beachtung allgemeiner wirtschaftlicher Gesichtspunkte nach kaufmännischen Grundsätzen zu führen. Die Erzielung von Gewinn ist nicht Hauptzweck des Geschäftsbetriebes.

§ 5

(1) Im einzelnen gewährt das Kreditinstitut lang-, mittel- und kurzfristige Darlehen an

a) Eigentümer land-, forstwirtschaftlicher, gärtnerischer oder bebauter Grundstücke gegen Bestellung von Hypotheken oder gleichwertiger dinglicher Sicherheiten;

b) landwirtschaftliche Pächter und Erbbauberechtigte gegen die gesetzlich vorgesehenen Sicherungen;

c) Körperschaften, Anstalten und Stiftungen des öffentlichen Rechts sowie an Verbände und Genossenschaften, die durch ihren Grundbesitz Sicherheit gewähren oder deren Abgaben auf dem Grundbesitz ruhen oder wie öffentliche Lasten erhoben werden: eine dingliche Sicherstellung ist in diesen Fällen nicht erforderlich.

(2) Von dinglichen Sicherheiten kann ausnahmsweise auch abgesehen werden, wenn einer der nach Abs. 1 Buchst. c genannten Rechtsträger die Haftung für die Verbindlichkeiten des Schuldners des Kreditinstitutes übernimmt.

...

§ 13

(1) Der Vorstand vertritt das Kreditinstitut gerichtlich und außergerichtlich. Im Verhältnis zu den Vorstandsmitgliedern wird das Kreditinstitut durch den Vorsitzenden des Verwaltungsrates in dessen Auftrag vertreten.

(2) Erklärungen sind für das Kreditinstitut verbindlich, wenn sie von zwei Vorstandsmitgliedern abgegeben werden.

(3) Für den laufenden Geschäftsverkehr kann der Vorstand Bedienstete des Kreditinstitutes bevollmächtigen, zusammen mit einem Vorstandsmitglied oder zu zweien gemeinsam das Kreditinstitut zu vertreten. Die Regelung ist durch Aushang eines Unterschriftverzeichnisses in den Geschäftsräumen bekannt zu geben.

...

§ 18

(1) Die Staatsaufsicht übt der Niedersächsische Minister der Finanzen aus (Aufsichtsbehörde).

...

(3) Die Aufsichtsbehörde hat insbesondere das Recht,

...

c) auf gemeinsamen Antrag des Verwaltungsrates und Vorstandes in besonderen Fällen von einzelnen Vorschriften der Satzung Befreiung zu gewähren.

...

§ 20

(1) Satzungsänderungen beschließt der Rittertag.

(2) Sie bedürfen einer Zweidrittelmehrheit der erschienenen Mitglieder der Ritterschaft sowie der Genehmigung der Aufsichtsbehörde.

§ 21

(1) Die vorstehende Neufassung ersetzt die bisherige Satzung. Sie tritt am Tage der Veröffentlichung im Niedersächsischen Ministerialblatt in Kraft ...

..."

FSC
www.fsc.org
MIX
Papier | Fördert
gute Waldnutzung
FSC® C083411

Kolibri 360 GmbH
Ferdinand-Jühlke-Straße 7
99095 Erfurt, Deutschland
produktsicherheit@kolibri360.de

Druck:
CPI Druckdienstleistungen GmbH
im Auftrag der
Kolibri 360 GmbH
Ferdinand-Jühlke-Str. 7
99095 Erfurt